CAD 机械设计项目世赛成果转化系列丛书

技术文件编制

主　编　伍平平　吴洪东
副主编　周可爱　张　婷

西南交通大学出版社
·成　都·

图书在版编目（CIP）数据

技术文件编制 / 伍平平，吴洪东主编. 一成都：西南交通大学出版社，2021.10
ISBN 978-7-5643-8339-8

Ⅰ. ①技… Ⅱ. ①伍… ②吴… Ⅲ. ①工程技术 – 文件 – 编制 Ⅳ. ①TB

中国版本图书馆 CIP 数据核字（2021）第 209983 号

Jishu Wenjian Bianzhi
技术文件编制

主　编 / 伍平平　吴洪东
责任编辑 / 李　伟
封面设计 / 原谋书装

西南交通大学出版社出版发行
（四川省成都市金牛区二环路北一段 111 号西南交通大学创新大厦 21 楼　610031）
发行部电话：028-87600564　028-87600533
网址：http://www.xnjdcbs.com
印刷：四川森林印务有限责任公司

成品尺寸　185 mm × 260 mm
印张　8.25　　字数　187 千
版次　2021 年 10 月第 1 版　　印次　2021 年 10 月第 1 次

书号　ISBN 978-7-5643-8339-8
定价　29.00 元

课件咨询电话：028-81435775
图书如有印装质量问题　本社负责退换

前言

2016 年，广州市工贸技师学院启动 CAD 机械设计项目和工业设计专业的世界技能技术标准转化，经过 CAD 机械设计项目专家、教练以及系专业带头人、专业老师的努力，实现了世界技能大赛（简称世赛）CAD 机械设计项目世赛成果的转化输出。

经济社会的持续稳定发展不仅要求专业技术人员技能功底深厚，也需要专业技术人员具备扎实的技术文件管理能力；良好的技术文件不仅是企业管理的基础，也是质量保证体系不可或缺的基本部分。在产品设计开发过程中，编制产品技术文件是产品结构设计师工作岗位中的必备技能。本书中的技术文件是指产品设计开发过程中产生的与项目相关的一系列标准性、指导性文件，主要有物料清单、模具清单、工程图、作业指导书等。相关部门依据此技术文件进行产品物料采购、生产作业、模具制造、品质检验等工作。技术文件编制是产品设计开发过程中的核心工作，以形成产品物料采购、生产作业、模具制造、品质检验等标准性文件，保证项目正常开展。在产品设计开发过程中或全部完成时，高级工程师将技术文件编制工作交由工程师完成。工程师从设计主管处接受技术文件编制工作后，仔细查阅公司制定的技术文件编制的方式方法文件，依据此方式方法对技术文件进行编制，并将技术文件交付给设计主管进行审核。审核通过后，技术文件交给助理工程师进行整理与归档。工程师审核确认助理工程师编写的技术文件档案管理查询目录后将其交付设计主管。整个工作过程需遵守企业标准，其中工程图的编制遵循《机械制图》标准。

本书是编者基于工业设计专业建设及校企合作探索，根据多年的世赛参赛备赛经验、实际操作与教学经验编著而成的，同时得到了诸多企业实践专家的指导与帮助。本书具有可操作性强、知识适用性强等特点，主要包括物料清单编制、模具清单编制、工程图编制、作业指导书编制 4 个学习任务，每个学习任务的教学流程依据明确任务→获取信息→实施任务→成果审核→总结评价等工作环节展开，非常适用于技工院校工业设计专业课程教学，也可以作为其他产品设计类院校师生的教学参考用书。

由于编者水平有限，书中难免存在不足之处，敬请读者批评指正，并提出宝贵意见。

编　者

2021 年 3 月

目录

学习任务一
物料清单编制

任务书

<table>
<tr><td colspan="2">单号：　　　　　　　　开单部门：　　　　　　　　开单人：
开单时间：　　年　　月　　日　　时　　分
接单部门：工程部结构设计组</td></tr>
<tr><td>任务概述</td><td>某企业研发部的对讲机产品开发工作已经完成，所有物料已确认无误，准备进行小批量试产。试产前需要制作物料清单，该文件是产品设计开发过程中非常重要的指导性文件，用于指导物料采购和生产加工。物料清单中包含的要素很多，若物料清单信息有误，会导致采购回来的物料或者加工出来的物料无法满足产品设计要求，从而需要重新采购或者重新加工，这样不仅会延误工期，而且会增加产品开发成本。该企业技术人员咨询我校专业教师，在校生能否帮助他们完成公司刚开发完的产品（对讲机）的物料清单编制工作。教师团队认为我校学生通过学习物料清单的相关知识，在教师的指导下可以提交对讲机的物料清单给企业进行审核。现企业提供对讲机的 3D 图纸、工程图纸、企业内部物料清单的模板文件等，要求我们在两周内完成完整的物料清单信息，包括物料编码、物料名称、物料规格型号、材料、工程图纸编号、物料用量等。完成的物料清单由教师审核签字，并举办企业评审会</td></tr>
<tr><td>提供的资料</td><td>对讲机的 3D 图纸、工程图纸、企业内部物料清单的模板文件</td></tr>
<tr><td>任务完成时间</td><td></td></tr>
<tr><td>接单人</td><td>（签名）　　　　　　　　　　　　年　　月　　日</td></tr>
</table>

【学习目标】

（1）能够叙述物料清单的作用及意义。

（2）能够明确物料清单各要素的含义，熟练运用办公软件 Excel 制作物料清单空白文档，了解整个产品的开发流程，编制出开发产品过程中的文档文件。

（3）能够明确企业的物料编码的申请流程，编写出每个物料的物料编码并填写在物料清单中。

（4）能够熟练掌握工程图编号技巧，编写出每个工程图的编号并填写在物料清单中。

（5）识记常用标准件的种类、代号含义，在物料清单中填写标准件代号。

（6）识记常用材料特性、名称代号、应用场合及表面处理工艺，在物料清单中填写各物料的材料。

（7）识记颜色的基本知识，确定各物料的颜色，在物料清单中填写各物料的颜色。

（8）能正确指出物料清单中存在的问题并进行标注。

（9）能根据教师意见对物料清单进行修改。

（10）能够总结在编制物料清单中遇到的问题及解决方法。

（11）能够进行客观评价。

【基准学时】

20 学时。

学习活动一　明确任务，获取物料清单相关信息

【学习目标】

（1）能够叙述物料清单的作用及意义。

（2）能够明确物料清单各组成要素及其含义。

（3）了解整个产品的开发流程，能使用办公软件 Word 创建出新产品开发流程图、新产品开发指令单、新产品设计规格书、新产品前期评审表、新产品计划及进度管制表和产品结构评审表。

【建议学时】

4 学时。

【学习活动】

（1）阅读任务书。

独立阅读工作页中的任务书，明确完成任务的关键内容，在任务书中画出关键词，对整个任务书理解无误后在任务书中签字。

（2）查阅资料，物料清单简称____________，请在卡纸上写出物料清单的定义以及物料清单各组成要素的含义。要求一个要素写一张，并将物料清单的含义以及各要素写在下面空白处。

（3）作为一个结构工程师，必须要非常了解整个产品的开发流程，请使用办公软件Word创建出如表1-1-1所示的新产品开发流程图。

表1-1-1　新产品开发流程图

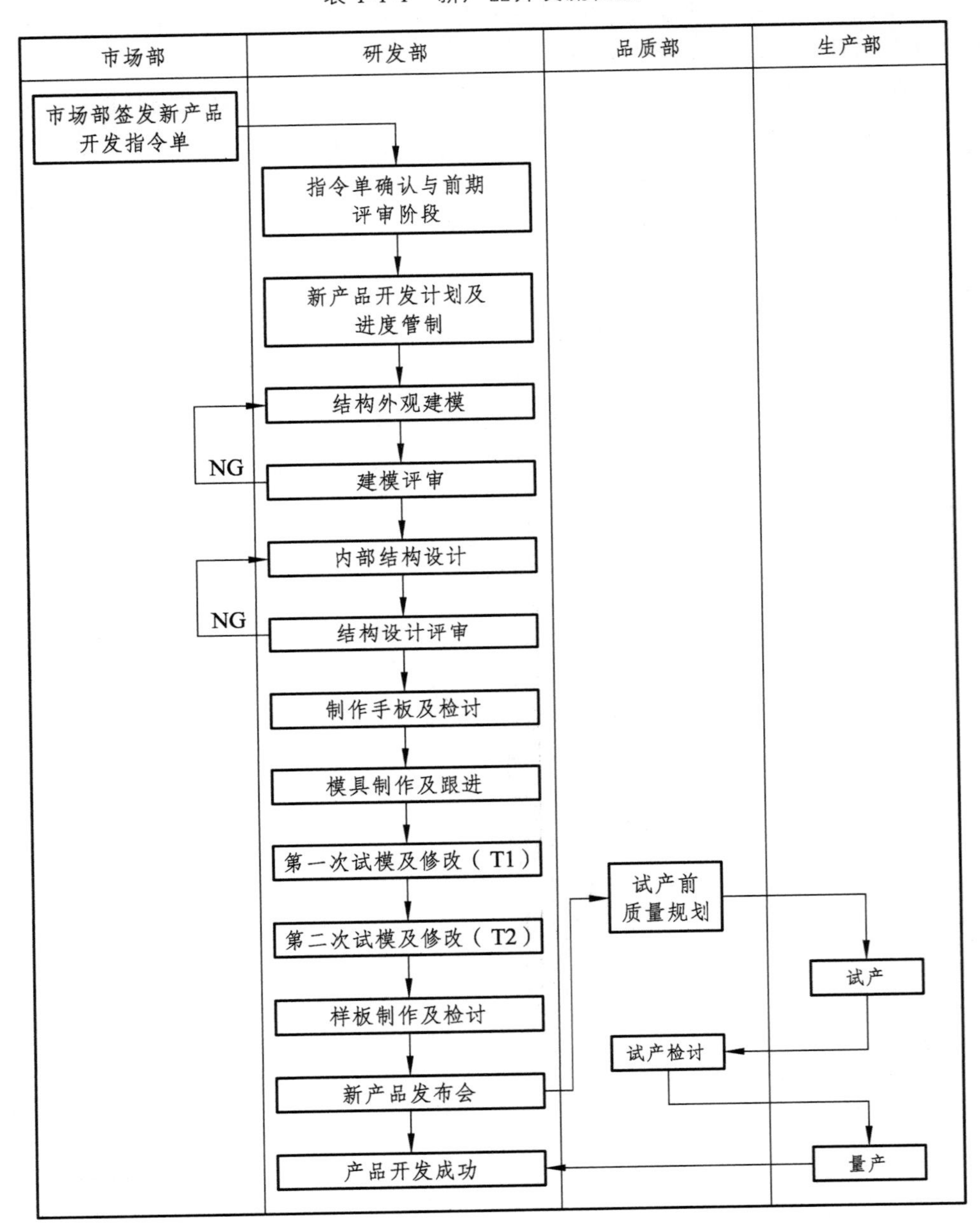

（4）在新产品开发流程中，项目确立阶段由市场部签发新产品开发指令单，请使用办公软件 Word 创建出如表 1-1-2 所示的新产品开发指令单。

表 1-1-2　新产品开发指令单

<table>
<tr><td>项目名称</td><td colspan="7"></td></tr>
<tr><td>客户名称</td><td colspan="7"></td></tr>
<tr><td>要求完成日期</td><td colspan="7"></td></tr>
<tr><td>文件抄送部门</td><td colspan="7"></td></tr>
<tr><td colspan="8">研发内容说明：</td></tr>
<tr><td>相关
物件</td><td colspan="7"></td></tr>
<tr><td>项目
负责人</td><td></td><td>日
期</td><td></td><td>审
核</td><td></td><td>日
期</td><td></td></tr>
</table>

（5）研发部门在收到市场部门的开发指令单后要进行前期评审，在这个阶段相关的文件一般有开发部新产品设计规格书、新产品前期评审表等。请使用办公软件 Word 创建出如表 1-1-3 所示的新产品设计规格书和表 1-1-4 所示的新产品前期评审表。

表 1-1-3　新产品设计规格书

<table>
<tr><td>产品名称</td><td colspan="3"></td><td>产品型号</td><td colspan="3"></td></tr>
<tr><td>开发部负责人</td><td colspan="3"></td><td>市场部负责人</td><td colspan="3"></td></tr>
<tr><td>产品功能要求</td><td colspan="7"></td></tr>
<tr><td>设计要求</td><td colspan="7"></td></tr>
<tr><td>备注</td><td colspan="7"></td></tr>
<tr><td>制表</td><td></td><td>日期</td><td></td><td>审核</td><td></td><td>日期</td><td></td></tr>
</table>

表 1-1-4 新产品前期评审表

<table>
<tr><td>产品名称</td><td colspan="3"></td><td colspan="2">产品型号</td><td colspan="2"></td></tr>
<tr><td>评审人员</td><td colspan="3"></td><td colspan="2">评审时间</td><td colspan="2"></td></tr>
<tr><td colspan="4">评估项目：</td><td colspan="2">结果</td><td colspan="2">备注</td></tr>
<tr><td colspan="4">1.新产品设计规划书是否符合新产品开发提案</td><td colspan="2">□ 是 □ 否</td><td colspan="2"></td></tr>
<tr><td colspan="4">（1）在设计规划上是否符合</td><td colspan="2">□ 是 □ 否</td><td colspan="2"></td></tr>
<tr><td colspan="4">（2）在功能需求上是否符合</td><td colspan="2">□ 是 □ 否</td><td colspan="2"></td></tr>
<tr><td colspan="4">（3）在测试验证上是否符合</td><td colspan="2">□ 是 □ 否</td><td colspan="2"></td></tr>
<tr><td colspan="4">2.价格是否具有市场竞争性</td><td colspan="2">□ 是 □ 否</td><td colspan="2"></td></tr>
<tr><td colspan="4">（1）价格是否满足目标成本</td><td colspan="2">□ 是 □ 否</td><td colspan="2"></td></tr>
<tr><td colspan="4">（2）是否具有市场竞争性</td><td colspan="2">□ 是 □ 否</td><td colspan="2"></td></tr>
<tr><td colspan="4">3.产品设计是否有专利权</td><td colspan="2">□ 是 □ 否</td><td colspan="2"></td></tr>
<tr><td colspan="4">（1）是否有侵犯专利行为</td><td colspan="2">□ 是 □ 否</td><td colspan="2"></td></tr>
<tr><td colspan="4">（2）是否符合专利申请</td><td colspan="2">□ 是 □ 否</td><td colspan="2"></td></tr>
<tr><td colspan="4">（3）是否符合安规要求</td><td colspan="2">□ 是 □ 否</td><td colspan="2"></td></tr>
<tr><td colspan="4">4.设计开发能力是否足够</td><td colspan="2">□ 是 □ 否</td><td colspan="2"></td></tr>
<tr><td colspan="4">（1）电子类是否有能力设计</td><td colspan="2">□ 是 □ 否</td><td colspan="2"></td></tr>
<tr><td colspan="4">（2）结构类是否有能力设计</td><td colspan="2">□ 是 □ 否</td><td colspan="2"></td></tr>
<tr><td colspan="4">（3）规定时间内是否能完成</td><td colspan="2">□ 是 □ 否</td><td colspan="2"></td></tr>
<tr><td colspan="4">5.制造可行性（含设备能力）</td><td colspan="2">□ 是 □ 否</td><td colspan="2"></td></tr>
<tr><td colspan="4">（1）生产是否有能力制造组装</td><td colspan="2">□ 是 □ 否</td><td colspan="2"></td></tr>
<tr><td colspan="4">（2）生产检验与成品检验、设备及能力是否足够</td><td colspan="2">□ 是 □ 否</td><td colspan="2"></td></tr>
<tr><td colspan="8">残留问题及追踪：</td></tr>
<tr><td>评审结果</td><td colspan="7">□执行开发 □放弃开发 □暂时存档</td></tr>
<tr><td>制表</td><td></td><td>日期</td><td></td><td>审核</td><td></td><td>日期</td><td></td></tr>
</table>

（6）新产品评审决定执行开发，下一步要制订开发计划，开发计划与进度管制的目的是让新产品开发在规定时间内完成，请使用办公软件 Word 编制一份如表 1-1-5 所示的新产品计划及进度管制表。

表 1-1-5　新产品计划及进度管制表

<table>
<tr><td colspan="2">产品名称</td><td colspan="2"></td><td colspan="2">产品型号</td><td colspan="2"></td></tr>
<tr><td colspan="2">负责工程师</td><td colspan="2"></td><td colspan="2">日　期</td><td colspan="2"></td></tr>
<tr><td colspan="2">项目内容</td><td colspan="3">开始时间</td><td colspan="3">要求完成时间</td></tr>
<tr><td colspan="2">外观图</td><td colspan="3"></td><td colspan="3"></td></tr>
<tr><td colspan="2">结构建模</td><td colspan="3"></td><td colspan="3"></td></tr>
<tr><td colspan="2">结构评审</td><td colspan="3"></td><td colspan="3"></td></tr>
<tr><td colspan="2">外观手板</td><td colspan="3"></td><td colspan="3"></td></tr>
<tr><td colspan="2">内部结构</td><td colspan="3"></td><td colspan="3"></td></tr>
<tr><td colspan="2">结构评审</td><td colspan="3"></td><td colspan="3"></td></tr>
<tr><td colspan="2">制作结构手板</td><td colspan="3"></td><td colspan="3"></td></tr>
<tr><td colspan="2">模具制作及跟进</td><td colspan="3"></td><td colspan="3"></td></tr>
<tr><td colspan="2">工程图及爆炸图</td><td colspan="3"></td><td colspan="3"></td></tr>
<tr><td colspan="2">附料打样</td><td colspan="3"></td><td colspan="3"></td></tr>
<tr><td colspan="2">模具 T1（第一次试模）</td><td colspan="3"></td><td colspan="3"></td></tr>
<tr><td colspan="2">外观配色确认</td><td colspan="3"></td><td colspan="3"></td></tr>
<tr><td colspan="2">模具 T2（第二次试模）</td><td colspan="3"></td><td colspan="3"></td></tr>
<tr><td colspan="2">样板制作</td><td colspan="3"></td><td colspan="3"></td></tr>
<tr><td colspan="2">模具 T3（第三次试模）</td><td colspan="3"></td><td colspan="3"></td></tr>
<tr><td colspan="2">BOM（物料清单）表制作</td><td colspan="3"></td><td colspan="3"></td></tr>
<tr><td colspan="2">生产作业标准制作</td><td colspan="3"></td><td colspan="3"></td></tr>
<tr><td colspan="2">QC（质量控制）标准制作</td><td colspan="3"></td><td colspan="3"></td></tr>
<tr><td colspan="2">生产签样</td><td colspan="3"></td><td colspan="3"></td></tr>
<tr><td colspan="2">生产跟进</td><td colspan="3"></td><td colspan="3"></td></tr>
<tr><td>制表</td><td></td><td>日期</td><td></td><td>审核</td><td></td><td>日期</td><td></td></tr>
</table>

（7）在产品结构设计阶段，结构工程师在完成产品的结构设计后需要上级主管或者其他部门一起对产品结构设计进行评审，需要用到的文件有产品结构评审表，请使用Word创建出如表1-1-6所示的产品结构评审表。

表 1-1-6　产品结构评审表

<table>
<tr><td colspan="2">产品名称</td><td colspan="2"></td><td colspan="2">产品型号</td><td colspan="2"></td></tr>
<tr><td colspan="2">负责工程师</td><td colspan="2"></td><td colspan="2">日期</td><td colspan="2"></td></tr>
<tr><td colspan="2">参加评审人员</td><td colspan="6"></td></tr>
<tr><td colspan="2">评审项目</td><td colspan="4">内容</td><td colspan="2">备注</td></tr>
<tr><td colspan="2">外观评审</td><td colspan="4"></td><td colspan="2"></td></tr>
<tr><td colspan="2">结构评审</td><td colspan="4"></td><td colspan="2"></td></tr>
<tr><td colspan="2">模具评审</td><td colspan="4"></td><td colspan="2"></td></tr>
<tr><td colspan="2">采购评审</td><td colspan="4"></td><td colspan="2"></td></tr>
<tr><td colspan="2">品质评审</td><td colspan="4"></td><td colspan="2"></td></tr>
<tr><td colspan="2">生产装配评审</td><td colspan="4"></td><td colspan="2"></td></tr>
<tr><td>制表</td><td></td><td>日期</td><td></td><td>审核</td><td></td><td>日期</td><td></td></tr>
</table>

（8）请根据以下活动评价表（见表 1-1-7）对此次活动进行评价。

表 1-1-7　活动评价表

任务环节	评分标准		所占分数	自我评价（20%）	组长评价（30%）	教师评价（50%）	得分
学习活动一：明确任务，获取物料清单相关信息	职业素养	1.为完成本次活动是否做好课前准备（充分 5 分，一般 3 分，没有准备 0 分）。 2.本次活动完成情况（好 10 分，一般 6 分，不好 0 分）。 3.完成任务是否积极主动，并有收获（是 5 分，积极但没收获 3 分，不积极但有收获 1 分）	20				
	知识点	1.是否能够叙述出物料清单的作用及意义（能 10 分，一般 6 分，不能 0 分）。 2.是否能够叙述出物料清单各组成要素及其含义（能 10 分，一般 6 分，不能 0 分）。 3.是否能熟练使用办公软件 Word 创建文档（能 10 分，一般 6 分，不能 0 分）	30				
	技能点	1.能否使用办公软件 Word 创建出新产品开发流程图（能 10 分，一般 6 分，不能 0 分）。 2.能否使用办公软件 Word 创建出新产品开发指令单（能 10 分，一般 6 分，不能 0 分）。 3.能否使用办公软件 Word 创建出新产品设计规格书（能 10 分，一般 6 分，不能 0 分）。 4.能否使用办公软件 Word 创建出新产品前期评审表（能 10 分，一般 6 分，不能 0 分）。 5.能否使用办公软件 Word 创建出新产品计划及进度管制表和产品结构评审表（能 10 分，一般 6 分，不能 0 分）	50				
总　　分							

学习活动二　创建物料清单文件

【学习目标】

（1）能够看得懂企业已有物料清单文件，说出物料清单中的要素。
（2）能够熟练运用办公软件绘制物料清单表格文件。
（3）能够明确物料编码的申请规则。
（4）能够明确工程图图号的确定方式。

【建议学时】

6 学时。

【学习活动】

（1）分析某企业产品的物料清单，如图 1-2-1 所示，回答以下问题。

序号	代号	名称	材料规格	数量	质量	备注
1	YF30-S2_01-01	面盖	金发168A190	1		自制
2	YF30-S2_01-02	内衬盖	金发2016	1		自制
3	YF30-S2_01-03	内盖	铝板 T=0.4 mm	1		自制
4	YF30-S2_01-04	内胆密封圈	硅橡胶	1		外购
5	YF30-S2_01-05	排气阀密封圈	硅橡胶	1		外购
6	YF30-S2_01-06	左缓冲垫	硅橡胶	1		外购
7	YF30-S2_01-07	右缓冲垫	硅橡胶	1		外购
8	YF30-S2_01-08	排气阀盖	金发168A190	1		自制
9	YF30-S2_01-09	排气阀座	金发168A190	1		自制
10	YF30-S2_01-10	开盖轴	Q235 镀锌 L=99 mm	1		外购
11	YF30-S2_01-11	左开盖弹簧	不锈钢 ϕ 1.8 mm	1		外购
12	YF30-S2_01-12	右开盖弹簧	不锈钢 ϕ 1.8 mm	1		外购
13	YF30-S2_01-13	顶部传感器	氟塑线（蓝）0.3 mm²，L=635 mm×2 100K	1		外购
14	YF30-S2_01-14	内盖接地线	硅橡胶玻纤线（黄绿）0.5 mm²，L=265 mm	1		外购
15	YF30-S2_02-01	电路板支架	金发2016	1		自制
16	YF30-S2_02-02	按键支架	PP338 黑色	1		自制
17	YF30-S2_02-03	按键灯板	LED显示	1		外购
18	YF30-S2_02-04	电源主板		1		外购
19		传感器盖	合金铝 T=1 mm	1		借用YF50-Y1
20		底部传感器	硅橡胶玻纤线（红）0. 3mm²，L=360 mm×2 100K	1		借用YF50-Y1
21		圆形PCB板		1		借用YF50-Y1
22		传感器压片		1		借用压力锅
23	YF30-S2_03-01	熔断器组件	硅橡胶玻纤线 0.75 mm²，L=410 mm，192℃，10 A	1		外购
24		熔断器压板	合金铝板 T=1 mm	1		借用YF50-Y1
25		保温罩接地线	硅橡胶玻纤线（黄绿）0.5 mm²	1		借用YF50-Y1
26		传感器弹簧		1		借用压力锅
27		传感器固定板	钢板 T=0.5 mm	1		借用压力锅

零件明细表　产品图样明细表　+

（a）某型号电饭煲的物料清单

VK-310 结构部分材料清单

型号：VK-310			文件编号：VVK-BOM-310-1003	生效日期：2017.06.07		版本号：B1	
序号	物料编号	物料名称	物料规格	用量	模具编号	供应商	备注
主机结构部分							
1		塑胶面壳	ABS 黑色 1出1 VK-310面壳	1PCS	模具编号KX2015-0707	科信	
2		金属铜螺母	铜 本色 M2.5 φ 3.5×6.0盲孔面盖铜螺母	2PCS	本公司提供到塑胶厂啤货厂		
3		塑胶导光柱	ABS 透明色 1出8 通用导光柱（小）	1PCS		启展	
4		塑胶装饰盖	ABS（黑色 黄色 橙色 蓝色）1出1 VK-310面壳装饰盖	1PCS	模具编号KX2015-0709	科信	
5		塑胶后盖	ABS（黑色 黄色 橙色 蓝色）1出1 VK-310后盖	1PCS	模具编号KX2015-0709	科信	
6		塑胶电池扣	ABS 黑色 1出1 VK-310电池扣	1PCS	模具编号KX2015-0710	科信	
7		金属弹簧	弹簧钢 φ 3.4×10×0.4 VK-850电池扣弹簧	1PCS			
8		十字圆柱头螺丝	PM M2×4 “+”镀镍 平尾	2PCS	锁后盖		
9		十字圆柱头螺丝	PM M2.5×6 “+”镀黑锌 平尾	2PCS	锁背夹		
10		塑胶音量旋钮	ABS 黑色 1出1 VK-310音量旋钮	1PCS	模具编号KX2015-0710	科信	
11		塑胶信道旋钮	ABS 黑色 1出1 VK-310信道旋钮	1PCS	模具编号KX2015-0710	科信	
12		塑胶固定座	ABS 黑色 1出1 VK-310 PTT按键框	1PCS	模具编号KX2015-0710	科信	
13		塑胶固定座	ABS 黑色 1出1 VK-310耳机盖塞子	1PCS	模具编号KX2015-0710	科信	
14		塑胶耳机挡板	ABS 黑色 1出1 VK-310耳机档板	1PCS	模具编号KX2015-0710	科信	
15		塑胶耳机盖	TPU 黑色 1出2 VK-310耳机盖	1PCS	模具编号KX2015-0711	科信	
16		天线头	铜 镀镍L19×H10×W10 M9 VK-308天线头	1PCS			共用件
17		金属铜螺母	铜 φ 13.5×H2.3 M9 VK-308天线头铜螺母	1PCS	匹配天线头		共用件
18		硅胶按键	硅胶60°黑色 VK-310 PTT硅胶按键	1PCS		彬基	
19		锅仔片	弹簧钢 φ 5 ×0.3 3键组合 200克力 VK-310 PTT按键	1PCS			
20		电源座	LCP 乳白色 L10×H9×W4.8 VK-310 一体电源座	1PCS			外购件
21		硅胶密封圈	硅胶60°橙色 VK-310电源座硅胶密封圈	1PCS		彬基	外购件
22		喇叭防尘网	黑色网 φ 33×0.2	1PCS			共用件
23		青稞纸	青稞纸扇形 L24×W23×T0.15	1PCS	贴喇叭		共用件
24		金属铝壳	铝 喷漆 金色 1出1 VK-310铝壳（不带SIM卡槽）	1PCS			
25		导热胶	黑色 L8.0×W5.0×H3	1PCS			共用件
26		十字沉头螺丝	KM2×4 “+” 镀镍 平尾	8PCS	锁天线头和PCB板		
27		十字圆柱头螺丝	PM2.5×6 “+”镀白锌 平尾	2PCS	锁铝壳于面壳		

VK-310对讲机　VK-310主机　VK-320-310电池　VK-310结构部分　+

（b）某型号对讲机结构部分的物料清单

序号	代码	物料名称	规格型号	图号	封装材料	单位	数量	工位	备注
1		打印控制板	LTP83-FU04 V1.0，107×94×1.6， 4层，无铅喷锡			PCS	1	装配	
2		按键显示灯板	35×16 厚度1.6		FR4，1.6 mm	PCS	1	装配	
3	MHB2VV0027R00	纸将尽板	688VI-Pdet2 V1.0 44×12×1.0，FR4，2层，无铅喷锡		FR4，1.0 mm	PCS	1	装配	
5	MAA5JG0009R00	打印头	CAPM347B-E			PCS	1	装配	
6	MDC9VV0016R00	外置USB线	USB A==1000 mm==USB B	KT301-01		PCS	1	装配	
7	MDC9VV0017R00	外置电源线	POWER DIN==900 mm==POWER DIN	KT301-02		PCS	1	装配	
8	MDC9VV0018R00	外置键盘指示线	1.27-4P==380 mm==1.27-4P	KT301-03		PCS	2	装配	
9	MDC9VV0019R00	外置接地线	RNBS1.25-4==12 0mm==RNBS1.25-4	KT301-04		PCS	1	装配	
10	MDC9VV0020R00	外置打印头线	2.0-2×11P==400 mm==2.0-2×11P	KT301-05		PCS	1	装配	
11	MBB5VV0017R00	提升架	163.2×109×54.6	LTP83-MU04-S-01	SECC T=1.0	PCS	1	装配	
12	MBB5VV0018R00	打印机底板	195.4×120.5×37.5	LTP83-MU04-S-02	SECC T=1.0	PCS	1	装配	
13	MBB5VV0015R00	转轴	φ 4×108	LTP83-MU04-S-03	SUS 303	PCS	1	装配	
14	MBB5VV0016R00	导纸轴	φ 3×70	LTP83-MU04-S-04	SUS 303	PCS	4	装配	
15	MBA4VV0040R00	提升扭簧-左	1.4×9.6 左	LTP83-MU04-S-05	琴钢丝	PCS	1	装配	
16	MBA4VV0041R00	提升扭簧-右	1.4×9.6 右	LTP83-MU04-S-06	琴钢丝	PCS	1	装配	
17	MBA7VV0026R00	滚纸轴（ST300）	φ 3×88	ST300-01-M-03	不锈钢	PCS	1	装配	
18	MCA7VV0169R00	打印机上盖	202×128×56.5	LTP83-MU04-P-01	PC+ABS 灰黑色	PCS	1	装配	
19	MCA7VV0170R00	打印机底座	203.6×128×105.5	LTP83-MU04-P-02	PC+ABS 灰黑色	PCS	1	装配	
20	MCA7VV0171R00	纸兜-07	192.5×117×77	LTP83-MU04-P-03	PC+ABS（灰白色）	PCS	1	装配	
21	MCA7VV0172R00	黑标座	96.7×21.5×16.7	LTP83-MU04-P-04	POM 黑色	PCS	1	装配	

封面　KT301控制机打印机模块　+

（c）某型号打印机的物料清单

图 1-2-1　物料清单（尺寸单位：mm）

① 上述三份物料清单中都有的要素有哪些？

② 请确定本次任务编制对讲机的物料清单中的要素有哪些。

③ 使用办公软件 Excel 编制一份物料清单的空白表格，并按教师指定的路径保存文件。

（2）阅读某企业的物料编码规则（见图 1-2-2），确定本次任务物料清单中的物料编码规则。

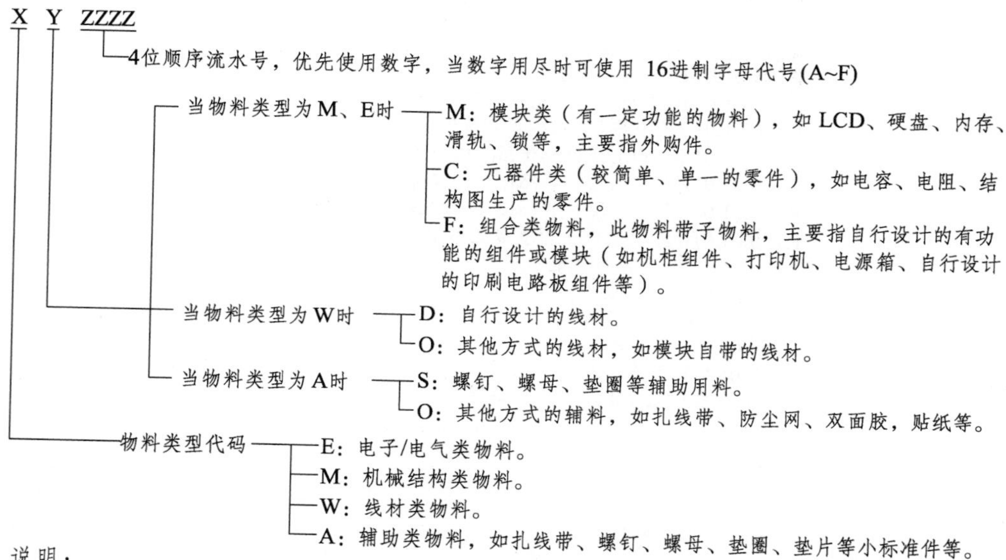

说明：

X 中的 E、M、W、A 分别为英文单词 Electronic（电子）、Mechanical（机械）、Wire（电线）、Assistant（辅助）的缩写。

Y 中的 M、C、F、D、O、S 分别为 Module（模块）、Component（元器件）、Father（父项）、Design（设计）、Other（其他）、Standard（标准）的缩写。

如液晶屏：EM0001；碳膜电阻(1/4W)：EC0001；流水打印机：EF0001；门锁：MM0001；Y100 挂墙板：MC0001；Y100 机柜：MF0001；LCD 数据线：WD0001；硬盘数据线（自带）：WO0001；ϕ3 mm 减震垫：AS0001；8mm 缠绕管：AO0001。

产品料号编码规则

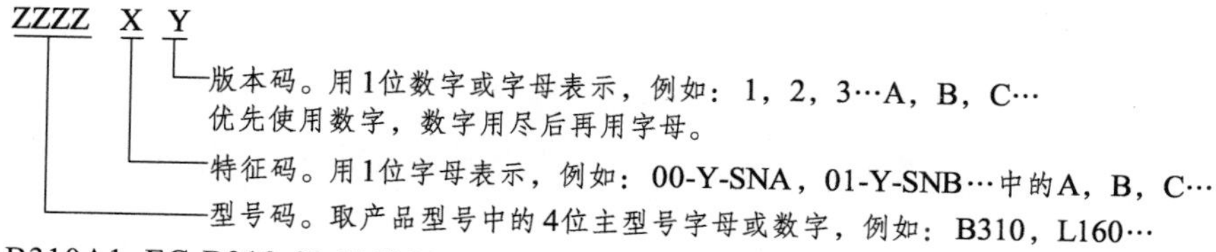

如：B310A1: EC-B310-00-Y-SNA

H510A1: EC-H510-00-Y-SRN

B310B1: EC-B310-01-Y-SNB

图 1-2-2　某企业的物料编码规则

（3）阅读某企业的工程图图号命名规则（见图 1-2-3），确定本次任务中需要命名图号的物料。

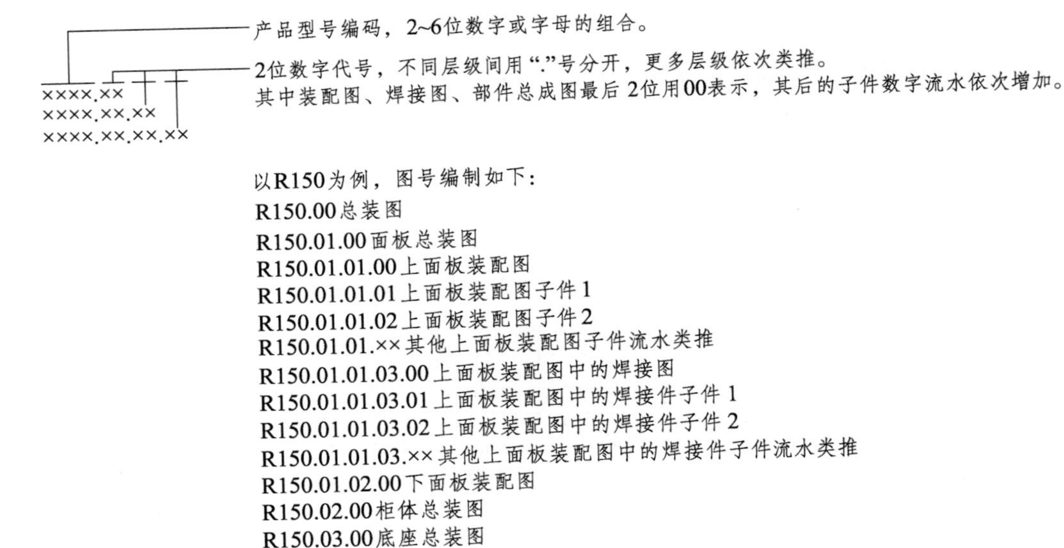

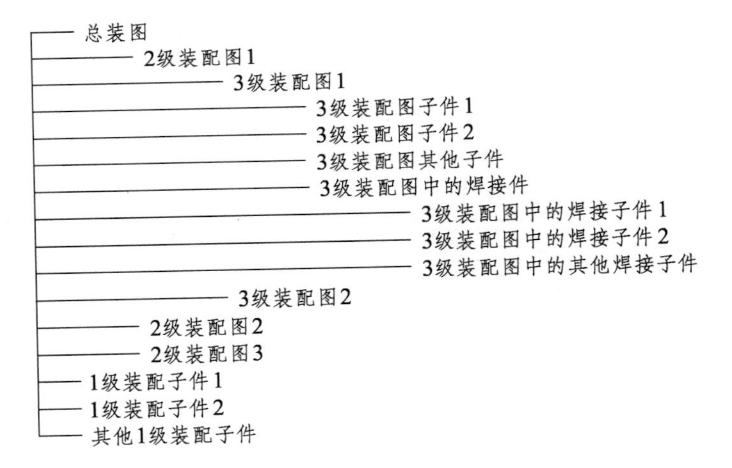

图 1-2-3　某企业的工程图图号命名规则

（4）请根据以下活动评价表（见表 1-2-1）对本次活动进行评价。

表 1-2-1　活动评价表

任务环节	评分标准		所占分数	自我评价（20%）	组长评价（30%）	教师评价（50%）	得分
学习活动二：创建物料清单文件	职业素养	1.为完成本次活动是否做好课前准备（充分 5 分，一般 3 分，没有准备 0 分）。 2.本次活动完成情况（好 10 分，一般 6 分，不好 0 分）。 3.是否积极认真研读企业内部物料清单模板，且有收获（是 5 分，积极但没收获 3 分，不积极但有收获 1 分）	20				
	知识点	1.是否能够确定物料清单中的要素（能 10 分，一般 6 分，不能 0 分）。 2.是否能够确定物料编码规则（能 10 分，一般 6 分，不能 0 分）。 3.是否能够明确工程图图号命名规则（能 10 分，一般 6 分，不能 0 分）	30				
	技能点	1.能否使用办公软件 Excel 创建出物料清单空白文档（能 10 分，一般 6 分，不能 0 分）。 2.能否编制物料编码规则（能 20 分，一般 10 分，不能 0 分）。 3.能否编制工程图图号命名规则（能 20 分，一般 10 分，不能 0 分）	50				
总分							

学习活动三　编制物料清单

【学习目标】

（1）识记常用标准件的种类、代号含义，在物料清单中填写标准件代号。

（2）识记常用材料的特性、名称代号以及应用场合，在物料清单中填写各物料的材料。

（3）识记常用材料的表面处理工艺，明确各物料的表面处理工艺，并填写在物料清单中。

（4）识记颜色的基本知识，确定各物料的颜色，在物料清单中填写各物料的颜色。

【建议学时】

8 学时。

【学习活动】

（1）将各物料的序号、物料名称、物料代号填入创建好的物料清单文件中（见图 1-3-1）。

序号	代号	名称	材料规格	数量	质量	备注
1						
2						
3						
4						
5						
6						
7						
8						
9						
10						
11						
12						
13						
14						
15						
16						
17						

图 1-3-1　物料清单文件

（2）确定对讲机各零件图号以及总装图号，并简述零件图以及装配图的含义和区别，将各物料的图号填入物料清单中。

（3）确定对讲机中各标准件的名称及数量，并将标准件的代号填入物料清单中。

在各种机械设备中，经常用到螺栓、螺母、垫圈、键、销、齿轮、弹簧、滚动轴承等各种不同的零件。这些零件的应用范围广，使用量很大，为了提高产品质量和降低成本，国家标准对这类零件的结构、尺寸和技术要求实行全部或部分标准化。实行全部标准化的零件，称为______________；实行部分标准化的零件，称为______________。国家标准对这些零件的结构、尺寸或某些结构的参数、技术要求等都做了统一的规定，以利于制造、使用和减少绘图工作量，提高设计的速度和质量。

① 螺纹与螺纹紧固件

螺纹是零件上常见的一种结构，分外螺纹和内螺纹。

在圆柱（或圆锥）外表面上的螺纹称为______________，在圆柱（或圆锥）孔内表面上的螺纹称为______________。

螺纹的基本要素有__________、__________、__________、__________、__________。

常见的螺纹牙型有__________、__________、__________等。

螺纹的真实投影是比较复杂的，绘图时螺纹的规定画法要满足如下要求。

a. 牙顶用粗实线表示（外螺纹的大径线，内螺纹的小径线）。

b. 牙底用细实线表示（外螺纹的小径线，内螺纹的大径线）。

c. 在投影为圆的视图上，表示牙底的细实线圆只画约 3/4 圈。

d. 螺纹终止线用粗实线表示。

e. 不论是内螺纹还是外螺纹，其剖视图或断面图上的剖面线都必须画到粗实线。

f. 当需要表示螺纹收尾时，螺尾部分的牙底线与轴线成 30°。

常用螺纹的类型有____________，特征代号为__________；有______________，特征代号为______________；有________，特征代号为____________；有___________，特征代号为__________。其中主要用于连接作用的螺纹是__________、__________，用于传动作用的螺纹是__________、__________。

用螺纹密封的管螺纹有____________，特征代号为__________；有____________，特征代号为__________；有______________，特征代号为__________。

螺纹采用规定画法后，在图样上反映不出螺纹的要素和类型，这些需要用标注方法表示。螺纹标注的格式是：

a. 粗牙普通螺纹不标螺距，细牙普通螺纹必须注出螺距。

b. 中径公差带代号在前，顶径公差带代号在后。内螺纹用大写字母，外螺纹用小写字母。

c. 若中径公差带代号和顶径公差带代号相同，只需标注一个公差带代号。

d. 长旋合长度和短旋合长度在公差带代号后标注“L”和“S”，并与公差带代号间用“-”分开。中等旋合长度“N”不标注。

e. 左旋螺纹，应在旋合长度代号后标注“LH”。

f. 最常用的中等公差精度螺纹（公称直径不大于 1.4 mm 的 5H、6h 和公称直径不小于 1.6 mm 的 6H、6g）不标注公差带代号。

识读 M10×1-5g6g 的含义。

识读 Tr24×10（P5）LH-8e-L 的含义。

识读 G2A-LH 含义。

通过螺纹起连接和紧固作用的零件称为螺纹紧固件，常用的螺纹紧固件有哪些？

根据两被连接件的结构和工艺要求，螺纹紧固件连接的基本形式有三种：________________、________________、________________。

图 1-3-2（a）的连接方式是____________________，适用于连接不太厚并能钻成通孔的零件，由螺栓、螺母和垫圈把被连接的零件连接在一起，是一种可拆卸的连接方式。

图 1-3-2（b）的连接方式是____________________，适用于被连接零件之一较厚或不允许钻成通孔且经常拆卸的情况。

图 1-3-2（c）的连接方式是____________________，适用于受力较小而不需经常拆卸的场合。

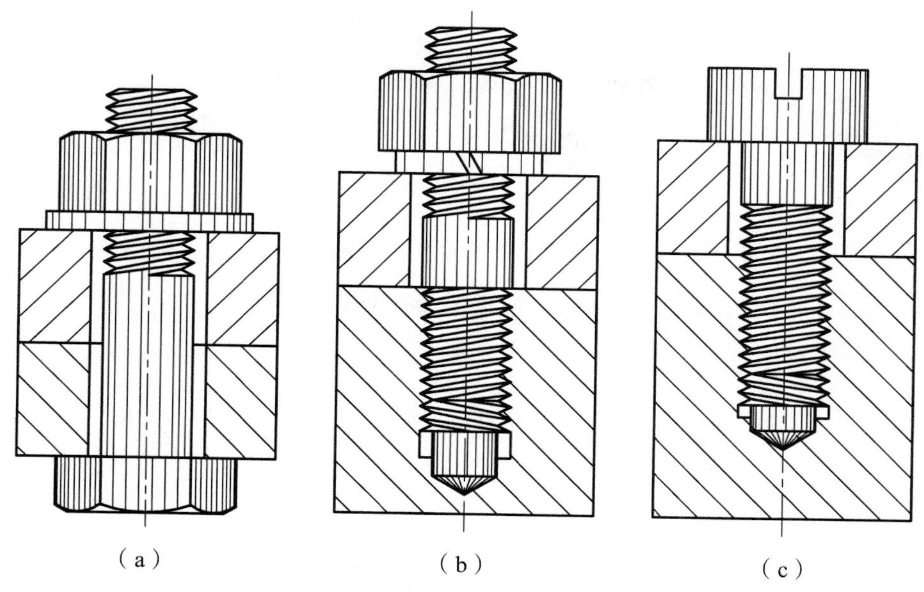

图 1-3-2　螺纹紧固件的连接方式

② 键连接

键是标准件，在机器和设备中，通常用键来连接轴和轴上的零件（如齿轮、带轮等），使它们能一起转动并传递转矩，这种连接称为键连接。与螺纹连接相同，键连接也是常用的可拆卸连接。常用键的种类有________、________、________，如图 1-3-3 所示。其中普通平键应用最广，按轴槽结构可分为________、________、________三种。

图 1-3-3　常用的几种键

识读尺寸键 8 × 32 GB/T 1096—2003 的含义。

③ 销连接

销也是标准件。常用的销有________、________、________等，________、________通常用于零件间的连接或定位；________常用在螺纹连接的锁紧装置中，以防止螺母的松脱，如图 1-3-4 所示。

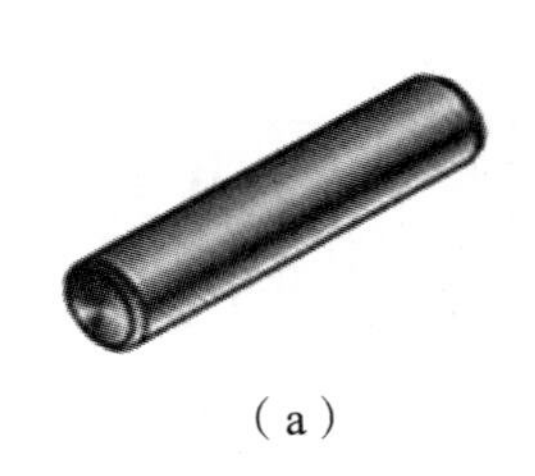

（a）

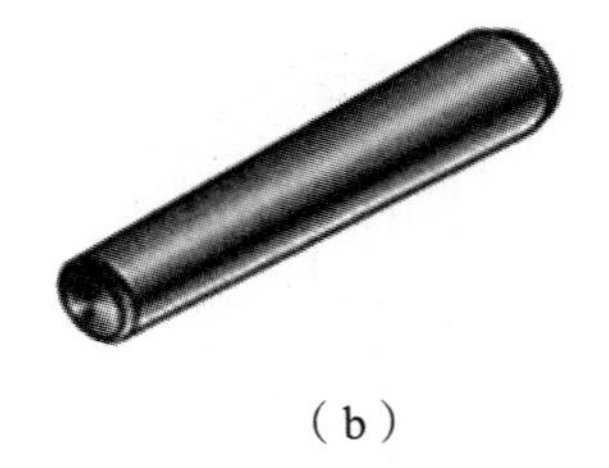

（b）

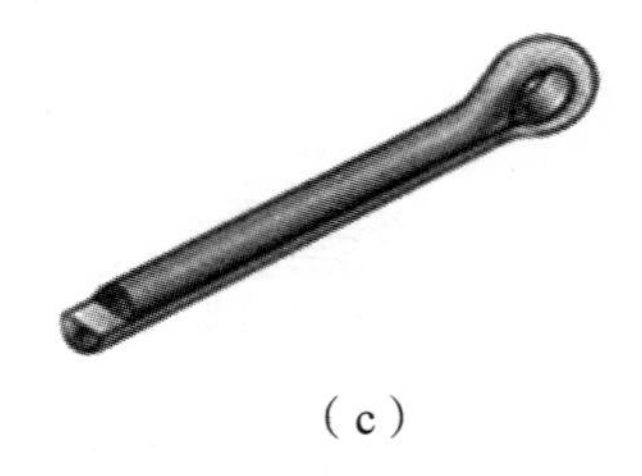

（c）

图 1-3-4　常用的几种销

圆柱销和圆锥销的销孔须经铰制。装配时要把被连接的两个零件装在一起钻孔和铰孔，以保证两零件的销孔严格对中。这一点在零件图上应加“______________”两字予以说明。

在剖视图中，当剖切平面通过销的轴线时，销按______________绘制。当剖切平面垂直于销的轴线时，销应画出______________。

④ 齿轮

齿轮是广泛应用于机器和部件中的传动零件。它的主要作用是传递动力或改变转速和旋转方向。常用的齿轮按照两轴的相互位置不同可分为如下三大类：______________用于两平行轴间的传动，______________用于两相交轴间的传动，____________用于两交叉轴间的传动，如图 1-3-5 所示。

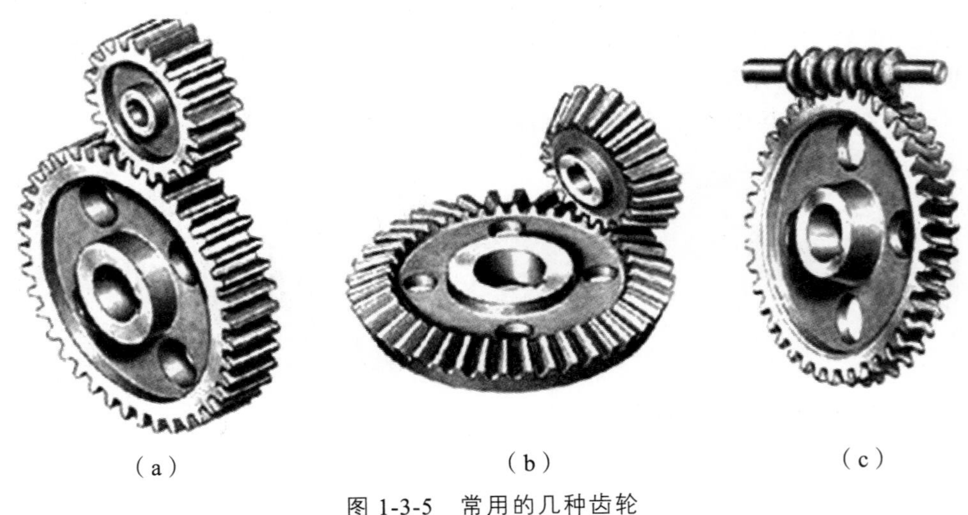

（a）　　（b）　　（c）

图 1-3-5　常用的几种齿轮

齿轮上的齿称为轮齿，圆柱齿轮的轮齿有_________、__________、_________等。

⑤ 弹簧

弹簧是一种常用件，是一种能储存能量的零件。它通常用来减振、夹紧、测力和储存能量。弹簧的特点是：去掉外力后，弹簧能立即恢复原状。弹簧的结构类型很多，有螺旋弹簧、涡卷弹簧、板弹簧和片弹簧等，如图 1-3-6 所示，其中圆柱螺旋弹簧最为常用。

图 1-3-6　常用的弹簧

圆柱螺旋弹簧根据工作时受力方向的不同，又分为____________、____________、____________。

⑥ 滚动轴承

滚动轴承是用作支承旋转轴和承受轴上载荷的标准件。它具有结构紧凑、摩擦阻力小等优点，因此得到广泛应用。在工程设计中无须单独画出滚动轴承的图样，而是根据国家标准中规定的代号进行选用。滚动轴承的种类很多，但其结构大体相同，一般由________、__________、_________、_________组成，如图 1-3-7 所示。

 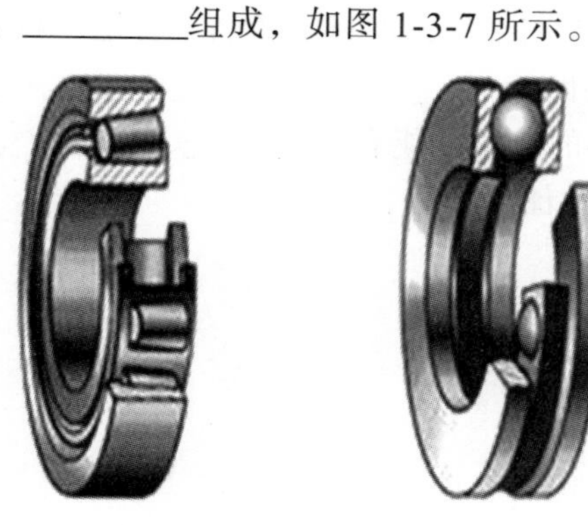 

图 1-3-7　滚动轴承

（4）确定物料清单中的材料规格及表面处理工艺。

① 请列举你所知道的材料，每种材料列举一件产品，写在下面空白处。

② 按材料的物质结构可将材料分为哪几类？

③ 按材料的形态结构可将材料分为哪几类？

④ 材料特性

材料特性包括两方面：一是材料的________，即材料的物理特性和化学特性，如力学性能、热性能、电磁性能、光学性能和防腐性能等；二是材料的________，它是由材料的固有特性派生而来的，即材料的加工特性、材料的感觉特性和经济特性。

材料的物理性能有________、________、________、________、________、________。材料的化学性能有________、________、________。

材料的力学性能有哪些？

⑤ 金属材料

黑色金属是指________________________________。

碳素钢按钢的含碳量分为__________、__________、__________。含碳量分别为__________、__________、__________。

碳素钢按钢的用途分为__________、__________。

合金钢按用途分为__________、__________、__________。

合金钢按合金元素总含量分为__________、__________、__________。

铸铁是含碳量__________的铁碳合金。根据铸铁在结晶过程中的石墨化程度，铸铁分为__________、__________、__________。根据铸铁中石墨形态的不同，铸铁分为__________、__________、__________、__________。

不锈钢按成分可分为____________、____________、____________及析出硬化系（600 系列）。常用的有 300 系列，即铬-镍系，属于奥氏体不锈钢。

请解释材料 Q235 的含义。

请解释材料 45 的含义。

请解释材料 60 Si2Mn 的含义。

请解释材料 HT150 的含义。

金属材料的成型方法有哪些?

常用的铸造材料有________、________、________、________等。铸造按所用材料及浇注方式分为________、________、________、________、________等。

请写出熔模铸造的工艺过程。

金属塑性加工有哪些方式？

按加工方式，最常见的金属加工方法有哪些？

热处理是通过加热和冷却的方法，改变金属内部或表面的组织结构，以获得预期性能的工艺方法。根据热处理时加热冷却规范的基本特点及其对组织性能的影响，金属热处理可分为普通热处理、表面热处理和特殊热处理。普通热处理的方式有哪些？

将钢加热到适当温度，保持一定时间，然后缓慢冷却（一般随炉冷却）的热处理工艺是________。目的是降低硬度，提高塑性，以利于切削加工和冷变形加工；细化晶粒，均匀组织，为后续热处理做好组织上的准备；消除残余内应力，防止工件的变形与开裂。

将钢加热到 A_{c3} 或 A_{ccm} 以上 30 ~ 50 °C，保温适当的时间后，在空气中冷却的工艺方法是________。目的是调整硬度，改善切削加工性能。

将钢件加热到 A_{c3} 或 A_{c1} 以上的适当温度，经保温后快速冷却（冷却速度大于 $v_{临}$），以获得马氏体或下贝氏体组织的热处理工艺是________。目的是获得马氏体组织，提高钢的强度、硬度和耐磨性。

将淬火后的钢重新加热到 A_{c1} 点以下的某一温度，保温一定时间，然后冷却到室温的热处理工艺是________。目的是降低淬火钢的脆性和内应力，防止变形或开裂。

生产中淬火及高温回火相结合的热处理工艺是________。

金属表面着色工艺是采用化学、电解、物理、机械、热处理等方法，使金属表面形成各种色泽的膜层、镀层或涂层。常见的金属表面着色工艺有哪些？

常见金属材料的适用范围及表面处理方式如表 1-3-1 所示。

表 1-3-1　常见金属材料的适用范围及表面处理方式

名称	适用范围	表面处理
不锈钢	（1）用于日常生活制品、食品器具等，如锅、餐具等。 （2）耐腐蚀，如长期置于大气中的桥梁、公路用制品等。 （3）电子产品壳料及装饰件。 （4）其他	（1）电镀。不锈钢比较难镀，为增加附着力，电镀时要特殊处理，如表面喷砂等。 （2）喷涂和烤漆。 （3）电泳。主要为黑色。 （4）喷砂。喷砂也可作为其他工艺的前工序，可增加表面处理的附着力。 （5）电解氧化、氧化黑色等
铝	（1）日常生活制品，如锅等。 （2）电子产品的装饰件。 （3）电工产品，如铝线。 （4）机电产品，航空、航海等产品。 （5）其他	（1）氧化。通常是阳极氧化，能氧化成各种颜色。 （2）机械拉丝。铝材较软，能拉直纹、太阳纹、乱纹、斜纹等
铜	（1）电气工业，常用于各种电缆和导线等。 （2）电动机，如电动机线圈等。 （3）电子工业，PCB（印制电路板）上的铜铂等。 （4）其他	（1）电镀。电镀最常用，性能很好。 （2）喷涂。 （3）机械拉丝
镍	（1）镍大量用于制造合金。在钢中加入镍，可以提高钢的机械强度。 （2）电镀行业，镀在其他金属上可以防止生锈，也可用于金属件表面装饰。 （3）镍网用于酸、碱环境条件下筛分和过滤。 （4）化学工业中镍用作加氢反应的催化剂	（1）电镀。电镀最常用，性能很好。 （2）喷涂。 （3）机械拉丝。 （4）氧化
锌合金	（1）家装行业，如锌合金门窗等。 （2）日常生活制品。 （3）装饰制品、工艺品等。 （4）电子产品外壳，如玩具制品等。 （5）汽车配件、机电配件、机械零件、电器元件等。 （6）其他	（1）电镀。电镀最常用，性能很好。 （2）喷涂及烤漆。 （3）机械拉丝

⑥ 塑胶材料。

塑胶材料有哪些？每种塑胶材料列举一种产品。

请查阅资料叙述塑料的一般特性及缺点。

塑料随加热温度不同一般可出现三种不同的力学状态：________、________、________，把塑料加热到黏流态，可以进行注射成型、挤出成型、吹塑成型等加工。

________是热塑性塑料的主要成型方法之一。其原理是利用注射机中螺杆或柱塞的运动，将料筒内已加热塑化的黏流态塑料用较高的压力和速度注入预先合模的模腔内，冷却硬化后成为所需的制品。

________主要适合热塑性塑料成型，也适合一部分流动性较好的热固性塑料和增强塑料的成型。其原理是利用机筒内螺杆的旋转运动，使熔融塑料在压力作用下连续通过挤出模的型孔或口模，待冷却定型硬化后而得各种断面形状的制品。

塑料连接有哪些方式？

塑料表面处理有哪些方式？

常用的塑料如下：

❖ ABS 是工程塑料，应用非常广泛，由丙烯腈、丁二烯、苯乙烯构成。丙烯腈主要提供了耐化学性和热稳定性；丁二烯提供了韧度和冲击强度；苯乙烯则为 ABS 提供了硬度和可加工性。三种材料组合形成了综合性的塑料。

ABS 塑料的优点有哪些？

ABS 塑料的缺点有哪些？

ABS 塑料常用表面处理方式有哪些？

ABS 塑料连接方式有哪些？

ABS 塑料适用的行业范围有哪些？

❖ PP 塑料，中文名为________，是很常用的塑料之一，称为百折胶。
PP 塑料的优点有哪些？

PP 塑料的缺点有哪些？

PP 塑料常用表面处理方式有哪些？

PP 塑料连接方式有哪些？

PP 塑料适用的行业范围有哪些？

❖ PE 塑料，中文名为______________，是常用的塑料之一。按制造方法分为低压高密度（______________）、中压（______________）、高压低密度（______________）三种。其中常用的是____________________________。

PE 塑料的优点有哪些？

PE 塑料的缺点有哪些？

PE 塑料常用表面处理方式有哪些？

PE 塑料连接方式有哪些？

PE 塑料适用的行业范围有哪些?

❖ PVC 塑料，中文名为＿＿＿＿＿＿＿＿，按添加增塑剂的多少可分为硬胶 PVC 与软胶 PVC，是常用的塑料之一。

PVC 塑料的优点有哪些?

PVC 塑料的缺点有哪些?

PVC 塑料常用表面处理方式有哪些?

PVC 塑料连接方式有哪些?

PVC 塑料适用的行业范围有哪些?

❖ PA，中文名为____________，俗称尼龙，常见型号有 PA6、PA66、PA12 等，是最常见的工程塑料之一。

PA 的优点有哪些？

PA 的缺点有哪些？

PA 常用表面处理方式有哪些？

PA 连接方式有哪些？

PA 适用的行业范围有哪些？

❖ POM，中文名为____________，俗称赛钢、塑钢，是最常见的工程塑料之一。

POM 的优点有哪些？

POM 的缺点有哪些？

POM 常用表面处理方式有哪些？

POM 连接方式有哪些？

POM 适用的行业范围有哪些？

❖ PC，中文名为______________，俗称防弹胶，是最常见的透明塑料之一。
PC 的优点有哪些？

PC 的缺点有哪些？

PC 常用表面处理方式有哪些？

PC 连接方式有哪些？

PC 适用的行业范围有哪些？

❖ PMMA，中文名为聚甲基丙烯酸甲酯，又称___________、___________、___________，是最常见的透明塑料之一。

PMMA 的优点有哪些？

PMMA 的缺点有哪些？

PMMA 常用表面处理方式有哪些？

PMMA 连接方式有哪些？

PMMA 适用的行业范围有哪些？

❖ PS，中文名为__________，由于很脆，俗称脆胶，是最常见的透明塑料之一。
PS 的优点有哪些？

PS 的缺点有哪些？

PS 常用表面处理方式有哪些？

PS 连接方式有哪些？

PS 适用的行业范围有哪些？

❖ PET，中文名为聚对苯二甲酸乙二醇酯，俗称__________，是最常见的透明塑料之一。

PET 的优点有哪些？

PET 的缺点有哪些？

PET 常用表面处理方式有哪些？

PET 连接方式有哪些？

PET 适用的行业范围有哪些？

❖ PC+ABS 是常用组合塑料之一，成分组成为 PC70%+ABS30%，每种牌号略有差别。

PC+ABS 的优点有哪些？

PC+ABS 的缺点有哪些？

PC+ABS 常用表面处理方式有哪些？

PC+ABS 连接方式有哪些？

PC+ABS 适用的行业范围有哪些？

❖ PC+GF，GF 是玻璃纤维。玻璃纤维是比较硬的材料，塑料件加玻璃纤维的主要作用是增加强度。塑料加入玻璃纤维可加强其刚性、耐热性及尺寸安定性，还可以增强冲击强度、拉伸强度，改善对缺口的敏感性等。大部分塑料可添加玻璃纤维，尤其是强度不够或者易变形的塑料，加玻璃纤维能很好地改善强度。PC 添加的玻璃纤维的范围为 10%～30%，常用 30%。

PC+GF 的优点有哪些？

PC+GF 的缺点有哪些？

PC+ABS 适用的行业范围有哪些？

❖ 软胶材料是柔软性材料的总称，软胶材料手感柔和舒服。软胶材料有橡胶也有塑料，如天然橡胶（NR）、硅橡胶、TPU（热塑性聚氨酯弹性体橡胶）、软质 PVC 等。软胶材料应用非常广泛，各行各业都有涉及。如玩具行业，软件公仔玩具很多就是用软质 PVC；医用医疗行业，软胶套主要材料就是硅胶等；作为密封性零件用于防水防尘，如 O 形圈等；用于缓冲抗振，如手机中的缓冲垫等；以及其他软胶制品。

硅胶主要成分是二氧化硅，化学性质稳定，可以耐受酸性介质的侵蚀，不燃烧。硅胶的优点有：高机械强度；无毒、无味；硅胶软硬可调，其柔软性常用于密封及抗振；硅胶有很强的吸附能力，可应用于干燥剂；价格比 TPU 低。硅胶的应用非常广泛，常用于建筑、电子电气、纺织、汽车、机械、皮革、造纸、化工、轻工、金属、油漆、医药医疗等行业。硅胶的常用表面处理有喷涂与丝印。

TPU 模塑成型工艺有多种方法：注塑、吹塑、压缩成型、挤出成型等，其中以注塑最为常用。TPU 比硅胶韧性好，但成本高，柔软度没有硅胶好。

常用塑胶材料汇总如表 1-3-2 所示。

表 1-3-2　常用塑胶材料

材料	中文名	优　点	缺　陷	常用表面处理	连接方式	适用范围
ABS	丙烯腈、丁二烯、苯乙烯	工程塑料，具有良好的综合性能，容易配色，强度高，耐冲击强，注塑流动性好，表面易处理，优良的耐热、耐油性能和化学稳定性，尺寸稳定，易机械加工	不耐有机溶剂，会被溶胀，也会被部分有机溶剂所溶解。耐热性不够好，普通 ABS 的热变形温度仅为 95～98 °C	（1）水镀，需要使用电镀级 ABS，其他 ABS 水镀效果不优良。 （2）真空镀。 （3）喷油，能喷出各种颜色和效果。 （4）丝印、移印、烫金等	卡扣、螺丝、热熔、超声、胶水	游戏机外壳、家电制品、日常生活用品外壳、电子产品外壳等
PP	聚丙烯（百折胶）	（1）注塑流动性好，容易配色。 （2）耐冲击强，韧性好，不易断裂。 （3）无毒、无味、密度小。 （4）耐热性好，可在沸水中长期使用	（1）成型收缩率大，成型时尺寸易受温度、压力、冷却速度的影响，会出现不同程度的翘曲、变形，厚薄转折处易产生凸陷，因而不适于制造尺寸精度要求高或易出现变形缺陷的产品。 （2）刚性不足，不宜作为受力机械构件。特别是制品上的	因为表面处理效果差，不易融合，故很少作表面处理。如喷油需特殊处理，常加 PP 水（高锰酸钾的水溶液）等	卡扣、螺丝、热熔、超声	日常用品、医用仪器、食品袋、塑胶瓶、铰链

续表

材料	中文名	优　点	缺　陷	常用表面处理	连接方式	适用范围
PP	聚丙烯（百折胶）	（1）注塑流动性好，容易配色。 （2）耐冲击强，韧性好，不易断裂。 （3）无毒、无味、密度小。 （4）耐热性好，可在沸水中长期使用	缺口对应力十分敏感，设计时要避免尖角缺口的存在。 （3）耐气候性较差。在阳光下易受紫外线辐射而加速塑料老化，使制品变硬开裂、染色消退或发生迁移。 （4）表面处理效果差	因为表面处理效果差，不易融合，故很少作表面处理。如喷油需特殊处理，常加 PP 水（高锰酸钾的水溶液）等	卡扣、螺丝、热熔、超声	日常用品、医用仪器、食品袋、塑胶瓶、铰链
PE	聚乙烯	（1）注塑流动性好，容易配色。 （2）电绝缘性优良。 （3）耐磨性较好。 （4）不透水性、抗化学药品性都较好，在 60 °C 下几乎不溶于任何溶剂。 （5）耐低温性良好，在 − 70 °C 时仍有柔软性。 （6）无毒、无味、密度小	耐骤冷骤热性较差，机械强度不高，热变形温度低。LDPE（低密度聚乙烯）的柔软性、伸长率、耐冲击性、透光率比 HDPE（高密度聚乙烯）好，但机械强度、耐热性能比 HDPE 差	表面处理效果差，不易融合，故很少作表面处理	卡扣、螺丝、热熔、超声	（1）LDPE 用于电缆的外皮、耐腐蚀管道等。 （2）HDPE 常用于吹塑成中空制品、薄膜、软管、塑料瓶等。因为无毒无味，通常用于制作食品袋及各种容器
PVC	聚氯乙烯	（1）力学强度高。 （2）电器性能优良，燃烧困难。 （3）对氧化剂、还原剂、耐酸碱的抵抗力强。 （4）尺寸稳定性佳	（1）耐温性差。 （2）密度较高。注射时流动性差。 （3）热分解后会产生有害物质	喷涂、真空镀、丝印、移印	卡扣、螺丝、热熔、超声、胶水	（1）硬 PVC 常用于管、棒、板、电器制品等。 （2）软 PVC 用于电线绝缘外皮、密封盖及农用薄膜、日用品、软胶玩具等
PA	聚酰胺，俗称尼龙	（1）强度好，耐冲击性佳。 （2）热性能及力学综合性能良好。 （3）耐磨，具有自润滑性。 （4）缓慢燃烧，并且有自熄性。 （5）可加玻璃纤维、碳纤维等改善性能	（1）尼龙吸湿性高。 （2）长期使用，尺寸精度有变化	很少处理	卡扣、螺丝、热熔、超声	轴承、塑胶齿轮、垫圈、汽车工业、仪器壳体

续表

材料	中文名	优　点	缺　陷	常用表面处理	连接方式	适用范围
POM	聚甲醛，俗称赛钢、塑钢	（1）具有良好的耐疲劳性和抗冲击强度，适合制造塑胶齿轮类制品。 （2）耐蠕变性好。与其他塑料相比，POM 在较宽的温度范围内蠕变量较小，可用来作密封零件。 （3）耐磨性能好，且具有自润滑性能。POM 具有自润滑性和低摩擦系数，该性能使它可用来作轴承、转轴、塑胶齿轮、防磨条、轴套等。 （4）耐热性较好，且燃烧缓慢。在较高温度下长期使用力学性能变化不大，其工作温度可在 100 °C 以上。 （5）吸水率低。成型加工时，对水分的存在不敏感。 （6）注塑流动性较好	（1）凝固速度快，制品容易产生皱纹、熔接痕等表面缺陷。 （2）收缩率大，较难控制制品的尺寸精度。 （3）加工温度范围较窄，热稳定性差，即使在正常的加工温度范围内受热稍长，也会发生聚合物分解。 （4）材料性能略脆	很少处理	卡扣、螺丝、热熔、超声	轴承、塑胶齿轮、电器制品，凸轮、轴套
PC	聚碳酸酯，俗称防弹胶（最常见的透明塑料之一）	（1）透明度好。透光率可达到 90%。 （2）强度非常好，机械强度高，耐冲击性极佳。其冲击强度是热塑性塑料中最高的一种，比铝、锌还高，称为塑料金属。 （3）表面经硬化处理后硬度高。 （4）耐热性和耐气候性优良。PC 的耐热性比一般塑料都高，热变形温度为 135～143 °C，长期工作温度可达 120～130 °C，是一种耐热环境的常选塑料。其耐气候性	（1）流动性差，即使在较高的成型温度下，流动也相对缓慢。 （2）在成型温度下对水分敏感，微量的水分即会引起水解，使制件变色、起泡、破裂。 （3）抗疲劳性、耐磨性较差。 （4）注塑容易产生内部应力。 （5）耐蠕变性不好	（1）可作真空镀、喷涂、丝印、移印等。 （2）PC 水镀效果差，表面不能作水镀处理	卡扣、螺丝、热熔、超声、双面胶	透明镜片、医疗器械、文具、咖啡壶外壳、光碟

续表

材料	中文名	优　点	缺　陷	常用表面处理	连接方式	适用范围
PC	聚碳酸酯，俗称防弹胶（最常见的透明塑料之一）	也很好，将PC制件置于室外，数年后性能仍保持不变。 （5）成型精度高，尺寸稳定好。成型收缩率基本固定在0.5%～0.7%，流动方向与垂直方向的收缩基本一致。在很宽的使用温度范围内尺寸可靠性高				
PMMA	聚甲基丙烯酸甲酯，又称亚克力、亚加力、有机玻璃（最常见的透明塑料之一）	（1）透明度高，是常用塑料中透明度最好的，透光率可达92%。 （2）经硬化后表面硬度高。 （3）良好的疲劳强度。 （4）环境抵抗性、耐有机溶剂性佳。 （5）广泛的使用温度范围（－40～20 °C）。 （6）尺寸稳定性佳	（1）加工过程若长时间在高温下易起热分解。 （2）无自熄性。 （3）抗酸性差。 （4）成型收缩率大。 （5）材料性能较脆	真空镀、喷涂、丝印、移印、IML（模内镶件注塑）	卡扣、螺丝、热熔、超声、双面胶	镜片、透明装饰品、文具、仪器表外壳、灯罩
PS	聚苯乙烯，俗称脆胶	（1）透明度很高，透光性好，透光率可达90%。 （2）着色性好，易于成型。 （3）尺寸稳定性好	（1）材料性能很脆，容易破裂。 （2）抗溶剂性差。 （3）耐温性差，容易燃烧。其制品的最高连续使用温度仅为60～80 °C，不宜制作盛载开水和高热食品的容器。 （4）表面耐磨性较差，容易刮花	容易上色，可作真空镀、喷涂、丝印、移印	卡扣、螺丝、热熔、超声、双面胶	镜片、灯罩、文具、透镜、光学仪器零件
PET	聚对苯二甲酸乙二醇酯，俗称涤纶（最常见的透明塑料之一）	（1）尺寸稳定性佳。 （2）机械性能优。 （3）透明度高，透光性好，透光率可达86%。 （4）耐气候性优。 （5）耐有机溶剂、油及弱酸。 （6）耐水性好。 （7）具有自熄性	（1）机械性质具有方向性，流动性较高。 （2）结晶速度较慢。 （3）干燥及加工条件要求严格。 （4）材料缩水率大	真空镀、喷涂、丝印、移印	卡扣、螺丝、热熔、超声、双面胶	镜片、轴承、链条、录音带等，也可以吹塑成中空饮料瓶

续表

材料	中文名	优点	缺陷	常用表面处理	连接方式	适用范围
PC+ABS	常用组合塑胶之一，成分组成为 PC70%+ABS30%	（1）集合 PC、ABS 的功能，具有两者的综合特性。如 ABS 的易加工特性和 PC 的优良机械特性、热稳定性。（2）增加了 ABS 的耐热尺寸安定性。（3）改善了 PC 的低温特性	（1）价格比 ABS 贵，但比 PC 便宜。（2）材料强度性能比 PC 差，但比 ABS 强。（3）流动性比 ABS 差	真空镀、喷涂、丝印、移印	卡扣、螺丝、热熔、超声、双面胶	手机外壳、数码产品类外壳、电子产品外壳、计算机设备外壳
PC+GF	GF 是玻璃纤维（PC 添加的玻纤的范围为 10%～30%，常用 30%）	（1）高冲击强度、高韧性、高刚性。（2）耐热、难燃、耐磨。（3）耐蠕变性大大增加，尺寸稳定。（4）抵抗应力的能力增强。（5）改善了 PC 的缩水性	（1）注塑流动性差。（2）塑胶表面易浮纤。（3）增加注塑难度和提高模具要求。（4）比纯 PC 硬，难变形，扣位拆装较困难			手机外壳、电子产品外壳、耐磨耐晒制品、高冲击制品

（5）常用的表面处理方式有哪些？

① 喷涂是最常见的表面处理，无论塑料还是五金都适用。喷涂一般包括喷油、喷粉等，常见的是喷油。请将喷涂的工艺流程写在下方空白处。

② 水镀是一种电化学的过程，就是将需要电镀的产品零件浸泡在电解液中，再通以电流，以电解的方式使金属沉积在零件表面形成均匀、致密、结合力良好的金属层的表面加工方法。电镀的主要作用有哪些？

请将水镀的工艺流程写在下方空白处。

③ 丝印即丝网印刷，是一种古老且应用很广的印刷方法。丝印的基本原理是在需要丝印区域的网板上制作出很多微小的孔，通过刮刀将油墨在网板上进行刮动，油墨通过网孔漏印到承印物体表面上。网板上其余部分的网孔堵死，不能透过油墨，在承印物体表面上没有印上油墨。请在下方空白处写出丝印工艺流程。

④ 移印是指用一块柔软橡胶，将需要印刷的文字或者图案转印到曲面或略为凹凸面的塑料产品表面。移印的基本原理是在移印机器上，先将油墨放入雕刻有文字或图案的钢板内，随后通过油墨将文字或图案复印到橡胶上，再利用橡胶将文字或图案转印至塑料产品表面，最后通过热处理或紫外线光照射等方法使油墨固化。请列举移印与丝印的区别。

（6）请根据以下活动评价表（见表 1-3-3）对本次活动进行评价。

表 1-3-3　活动评价表

<table>
<tr><th>任务环节</th><th colspan="2">评分标准</th><th>所占分数</th><th>自我评价（20%）</th><th>组长评价（30%）</th><th>教师评价（50%）</th><th>得分</th></tr>
<tr><td rowspan="3">学习活动三：编制物料清单</td><td>职业素养</td><td>1.为完成本次活动是否做好课前准备（充分 5 分，一般 3 分，没有准备 0 分）。
2.本次活动完成情况（好 10 分，一般 6 分，不好 0 分）。
3.工作页是否填写认真工整(是 5 分，不工整 2 分，未填写 0 分）</td><td>20</td><td></td><td></td><td></td><td></td></tr>
<tr><td>知识点</td><td>1.完成工作页中标准件的内容(能 10 分，一般 6 分，不能 0 分）。
2.完成工作页中材料的内容（能 10 分，一般 6 分，不能 0 分）。
3.完成工作页中表面处理工艺的内容（能 10 分，一般 6 分，不能 0 分）</td><td>30</td><td></td><td></td><td></td><td></td></tr>
<tr><td>技能点</td><td>1.能在物料清单中填写标准件代号（能 10 分，一般 6 分，不能 0 分）。
2.能在物料清单中填写各物料的材料（能 20 分，一般 10 分，不能 0 分）。
3.能在物料清单中填写出各物料的表面处理工艺（能 20 分，一般 10 分，不能 0 分）</td><td>50</td><td></td><td></td><td></td><td></td></tr>
<tr><td colspan="7">总　　分</td><td></td></tr>
</table>

学习活动四　成果审核验收

【学习目标】

（1）能正确指出物料清单中存在的问题并进行标注。
（2）能根据教师意见对物料清单进行修改。

【建议学时】

1学时。

【学习活动】

（1）各组将录入好的物料清单与其他组的物料清单进行审核，如有不符项、不同项，各组应该对其评审的组进行记录以及批改，其间保留所有审核记录。

（2）根据教师意见对物料清单进行修改。

学习活动五　总结评价

【学习目标】

（1）能够总结在编制物料清单中遇到的问题以及解决方法。
（2）能够对本次任务中的表现进行客观评价。

【建议学时】

1 学时。

【学习活动】

一、工作总结

（1）学习引导。
① 什么叫工作总结？
（小组讨论）

② 为什么要撰写工作总结？
（小组讨论）

③ 工作总结有哪些表达形式？
（小组讨论）

（2）以小组为单位，撰写工作总结，并选用适当的表现方式向全班展示、汇报学习成果。

（3）评价：工作总结评分表（见表 1-5-1）。

表 1-5-1　工作总结评分表

评价指标	评价标准	分值（分）	评价方式及得分		
			个人评价（10%）	小组评价（20%）	老师评价（70%）
参与度	小组成员能积极参与总结活动	5			
团队合作	小组成员分工明确、合理，遇到问题不推诿责任，协作性好	15			
规范性	总结格式符合规范	10			
总结内容	内容真实，针对存在的问题有反思和改进措施	15			
总结质量	对完成学习任务的情况有一定的分析和概括能力	15			
	结构严谨、层次分明、条理清晰、语言顺畅、表达准确	15			
	总结表达形式多样	5			
汇报表现	能简明扼要地阐述总结的主要内容，能准确流利地表达	20			
学生姓名		小计			
评价教师		总分			

二、学习任务综合评价

学习任务综合评价如表 1-5-2 所示。

表 1-5-2　综合评价表

评价内容		得分	
学习活动一：明确任务，获取物料清单相关信息			
学习活动二：创建物料清单文件			
学习活动三：编制物料清单			
学习活动四：成果审核验收			
学习活动五：总结评价			
小计			
学生姓名		综合评价得分	
评价教师		评价日期	

学习任务二

模具清单编制

任务书

<table>
<tr><td colspan="2">单号：　　　　　　　　开单部门：　　　　　　　　开单人：
开单时间：　　年　　月　　日　　时　　分
接单部门：工程部结构设计组</td></tr>
<tr><td>任务概述</td><td>某公司研发部的对讲机产品功能样机已开发完成，样品已经交客户确认，准备投入小批量试产，生产前要制作模具，现需编制出对讲机的模具清单并提供给模具加工厂。根据零件颜色、材料、结构选择是否合模及确定型腔、水口、丝筒、行位、斜顶、模坯、模芯等数量。根据产品特征判断模具的CNC（数控机床加工）、线切割、EDM（电火花加工）、钳工等工艺加工的特征。根据产品外观要求选择蚀纹、水转印、滚筒印、抛光等表面处理方式。根据模具的使用寿命合理选择模具材料及模架品牌。该清单的编制对产品设计落地过程来说是非常重要的制造指导性文件，同时也是模具制造费用评估的标准。若清单信息有误，则会导致模具加工后达不到产品要求的标准而导致返工，从而造成不必要的工期延时与成本增加。该企业技术人员咨询我校专业教师，在校生能否帮助他们完成公司刚开发完的产品对讲机的模具清单编制工作。教师团队认为我校学生通过学习模具清单的相关知识以及按照企业的相关标注，在教师的指导下可以提交对讲机的模具清单给企业进行审核。现企业提供生产中用到的模具清单模板、物料规格型号、材料、供应商以及对讲机的3D产品图、2D工程图。完成的模具清单由教师审核签字并举办企业评审会，企业对优秀作品的学生提供工作面试机会</td></tr>
<tr><td>提供的资料</td><td>对讲机的3D图纸、工程图纸、企业内部模具清单的模板文件</td></tr>
<tr><td>任务完成时间</td><td></td></tr>
<tr><td>接单人</td><td>（签名）　　　　　　　　　　　　　　　　年　　月　　日</td></tr>
</table>

【学习目标】

（1）能够叙述模具清单的作用及意义。

（2）能够明确模具清单各要素的含义，能够了解产品模具制造的过程，编制出模具开发过程中需要用到的技术文件。

（3）能够识记常见的模具分类。

（4）能够叙述塑胶注射模的特点及应用。

（5）能够区分塑胶注射机的不同种类。

（6）能够叙述注射机的注射工作过程。

（7）能够根据注塑模的不同构造对注塑模进行分类。

（8）能够识别二板模的结构。

（9）能够识别三板模的结构。

（10）能使用渲染软件渲染出零件图片。

（11）能确定模具穴数，编制出产品的模具清单。

（12）能正确指出模具清单中存在的问题并进行标注。

（13）能根据教师意见对模具清单进行修改。

（14）能够总结在编制物料清单中遇到的问题以及解决方法。

（15）能够进行客观评价。

【基准学时】

20 学时。

学习活动一　明确任务，获取模具清单相关信息

【学习目标】

（1）能够叙述模具清单的作用及意义。

（2）能够明确模具清单各组成要素及其含义。

（3）能够了解产品模具制造的过程，编制出模具开发过程中需要用到的技术文件。

【建议学时】

4 学时。

【学习活动】

（1）阅读任务书。

独立阅读工作页中的任务书，明确完成任务的关键内容，在任务书中画出关键词，对整个任务书理解无误后在任务书中签字。

（2）查阅资料，请在卡纸上写出模具清单的定义以及模具清单各组成要素的含义。要求一个要素写一张，并将模具清单的含义以及各要素写在下面空白处。

（3）结构设计完成后下一步就是模具制作，作为结构工程师，需要对整个模具制作过程进行跟进，及时与模具制造方沟通，督促模具厂按时按质完成。

请使用办公软件 Word 编制表 2-1-1 所示的新开模具签核表。

表 2-1-1　新开模具签核表

<table>
<tr><td colspan="2">产品名称</td><td colspan="4"></td><td colspan="3">产品型号</td><td colspan="3"></td></tr>
<tr><td colspan="2">模具序列</td><td colspan="8">零件名称</td><td colspan="2">备　　注</td></tr>
<tr><td colspan="2"></td><td colspan="8"></td><td colspan="2"></td></tr>
<tr><td colspan="2"></td><td colspan="8"></td><td colspan="2"></td></tr>
<tr><td colspan="2"></td><td colspan="8"></td><td colspan="2"></td></tr>
<tr><td>制表</td><td></td><td>日期</td><td></td><td>审核</td><td></td><td>日期</td><td></td><td>总经理</td><td></td><td>日期</td><td></td></tr>
</table>

（4）一个产品需要开多少套模具取决于产品的零件个数及其外形尺寸大小，小的零件只要材料相同就可以放在一套模具内，大的零件和要求比较高的零件要单独做一套模具。结构工程师与模具制作方沟通后，制定模具排模清单表，以便确定零件在哪一套模具内，每套模具又生产多少个零件。如果产品里有五金零件，就需要开五金模具，如果是冲压件零件，则开冲压模，如果是压铸件零件，就要开压铸模具。请使用办公软件 Word 编制表 2-1-2 所示的塑胶模具排模清单。

表 2-1-2　塑胶模具排模清单

产品名称				产品型号			
模具厂							
序号	模具名称	零件名称	零件材料	模具材料	模具穴数	零件个数	零件总用量
1							
2							
3							
4							
5							
6							
7							
8							
9							
制表		日期		审核		日期	

（5）第一次试模是模具制作完成后，第一次试生产胶件，是检验模具制作是否满足要求的必经环节，俗称 T1。检讨时要细致，并将检讨内容记录在相应的表格里。请使用办公软件 Word 编制表 2-1-3 所示的模具第一次试模检讨表。检讨的步骤如下：

① 首先逐件检查单个零件是否满足设计要求。

② 其次检查壳体零件装配是否满足设计要求。

③ 再次检查壳体与电路板装配是否满足设计要求。

④ 最后检查整机功能是否满足设计要求。

表 2-1-3　模具第一次试模检讨表

产品名称			产品型号	
零件名称			检讨日期	
图档名称				
参加评审人员	结构工程师		签名	
	模具设计师		签名	
	其他人员		签名	
序号	内容		负责改进	完成时间
1				
2				
3				
4				
5				
6				

（6）请根据以下活动评价表（见表2-1-4）对本次活动进行评价。

表2-1-4　活动评价表

任务环节		评　分　标　准	所占分数	自我评价（20%）	组长评价（30%）	教师评价（50%）	得分
学习活动一：明确任务，获取模具清单相关信息	职业素养	1.为完成本次活动是否做好课前准备（充分5分，一般3分，没有准备0分）。 2.本次活动完成情况（好10分，一般6分，不好0分）。 3.工作页是否填写认真工整（是5分，不工整2分，未填写0分）	20				
	知识点	1.能够识记模具清单的作用及意义（能10分，一般6分，不能0分）。 2.能够明确模具清单各组成要素及其含义（能10分，一般6分，不能0分）。 3.能够了解产品模具制造的过程（能10分，一般6分，不能0分）	30				
	技能点	1.能够叙述模具清单的作用及意义（能20分，一般10分，不能0分）。 2.能编制新开模具签核表（能10分，一般6分，不能0分）。 3. 能编制塑胶模具排模清单（能10分，一般6分，不能0分）。 4. 能编制模具第一次试模检讨表（能10分，一般6分，不能0分）	50				
总　　分							

学习活动二　创建模具清单文件

【学习目标】

（1）能够看得懂企业已有模具清单文件，分析模具清单中的要素。
（2）能够熟练运用办公软件绘制模具清单表格文件。
（3）能够识记常见的模具分类。
（4）能够叙述塑胶注射模的特点及应用。
（5）能够区分塑胶注射机的不同种类。
（6）能够叙述注射机的注射工作过程。
（7）能够根据注塑模的不同构造对注塑模进行分类。
（8）能够识别二板模的结构。
（9）能够识别三板模的结构。

【建议学时】

6 学时。

【学习活动】

（1）分析某企业产品的模具清单，如图 2-2-1 所示，请根据教师提供的文件使用办公软件制作出相同的文档，并回答以下问题。

电子琴								150730
序号	自定中文名	3D 档名	图片	数量	技术要求			备注
					材料	颜色	表面处理	
	塑 料 件							
1	上壳	ORGAN-TOP		1	ABS+PC	white	光面　喷钢琴漆	
	下壳	ORGAN-BOTTOM		1	ABS+PC	white	亚面	
	音谱架支架	ORGAN-TOP-ZJ		1	ABS+PC	white	光面	
	按键盖	ORGAN-TOP-XJ-NEW		1	ABS+PC	white	光面	

（a）某企业电子琴产品的模具清单

生产任务单						订单号：SHM121013							
序号	零件名称	图纸编号	模具号	客供模号	产品图片	产品材料	产品收缩率/%	模腔数	型腔材料	型芯材料	模具技术要求	试模时间（日）	备注
1		yf50-y2-04 yf50-y2-14 yf50-y2-19 yf50-y2-23	SHM12138			POM	2.0	1+1+2+1	2083HH	2083HH	侧水口进水，顶针顶出	11月25日	
2		yf50-y2-05 yf50-y2-06	SHM12139			ABS	0.5	2+2	GS738H	国产718H	大水口、斜顶+顶针顶出	11月25日	
3		yf50-y2-11	SHM12140			PP 金发 A190	1.5	1×2	GS738H	国产718H	潜水口进水，两侧滑块、顶针顶出	11月25日	
4		yf50-y2-12 yf50-y2-28 yf50-y2-24	SHM12141			PP 金发 2016	1.5	1+1+1	GS738H	国产718H	潜水口进水，两侧滑块、顶针顶出	11月25日	
5		yf50-y2-17	SHM12142			PP 金发 2016	1.5	1×1	GS738H	国产718H	大水口、12个斜顶+顶针顶出	11月25日	
6		yf50-y2-21 yf50-y2-22	SHM12143			PP 金发 A190	1.5	1+1	GS738H	国产718H	潜水口、6个斜顶+顶针顶出	11月25日	

（b）某企业对讲机产品的模具清单

KT301-T2-06/07 开模零件									
模具序号	零件序号	代码	物料名称	零件图片	材料	单位	产品用量	穴位	备注
单体打印机开模零件									
1	1		提升架		SECC T=1.0 mm	PCS	1		
2	2		打印机底板		SECC T=1.0 mm	PCS	1		
3	4		打印机上盖		PC+ABS 灰黑色	PCS	1	1×1	
4	5		打印机底座		PC+ABS 灰黑色	PCS	1	1×1	
5	6		纸兜-07		PC+ABS（灰白色）	PCS	1	1×1	
6	7		黑标座		POM 黑色	PCS	1	1×2	合模
	8		限宽片		POM 黑色	PCS	1		

（c）某企业打印机产品的模具清单

图 2-2-1　模具清单

① 上述三份模具清单中都有的要素有哪些？

② 请确定本次任务对讲机模具清单中包含的要素有哪些？

③ 使用办公软件 Excel 编制一份物料清单的空白表格，按教师指定的路径保存文件。

（2）在制作模具清单时，需要根据零件的类型确定模具的类型，模具种类很多，常见的模具类型有冲压模、______________、______________、______________、______________、______________、铸造模和无机材料成型模。其中最常用的模具是塑胶模具，塑胶模具中又以热塑性注射模最多。

（3）请简述塑胶注射模的概念。

（4）塑胶注射模的特点有哪些？

（5）塑胶注射模的应用领域有哪些？

（6）依据注塑的方法可将注塑机分为________________、柱塞预塑式、螺杆预塑式、________________。其中最常见的是________________。

（7）请将注塑机的注射过程进行排序，在图 2-2-2 所示的图片下面写出正确的序号及名称。

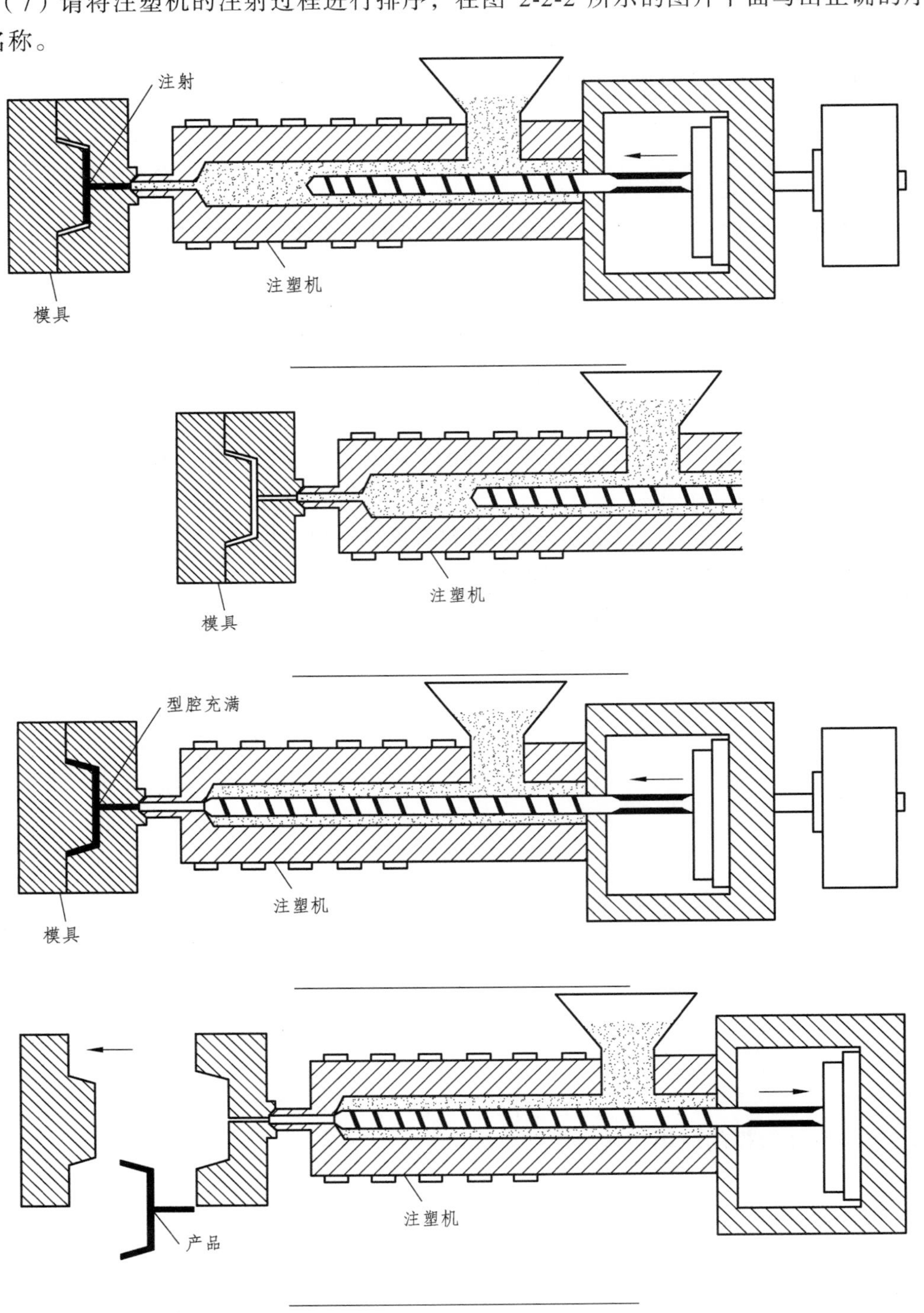

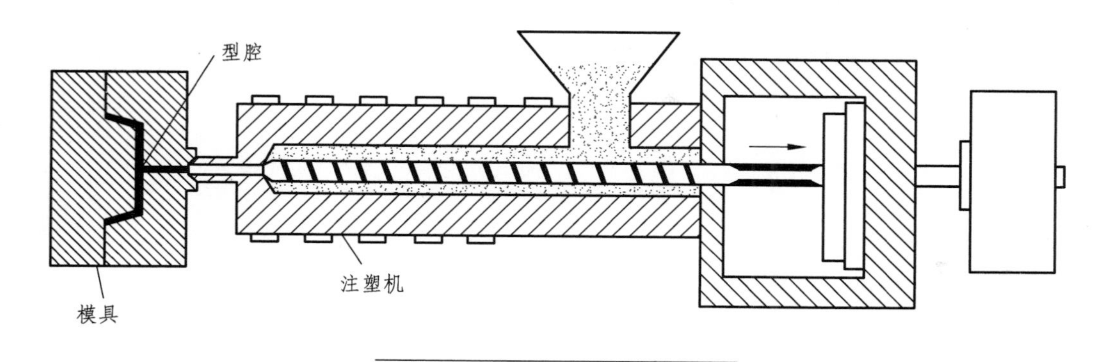

图 2-2-2　注塑机的注塑过程

（8）注塑模根据构造不同一般可分为____________、____________、二板半模和热流道模具。其中大口水模（Two Plate）是____________，细口水模（Three Plate）是____________。

（9）请简述塑胶模具的组成部分。

（10）二板模是常用的一种模具结构，由前模及后模组成，前模又称____________、____________、____________，后模又称____________、____________、____________，请根据图 2-2-3 写出二板模各部件的名称。

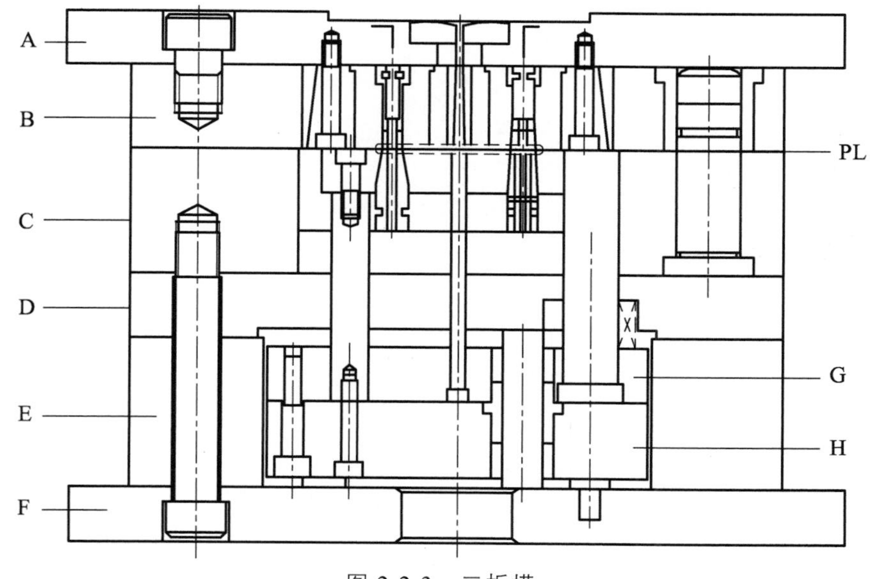

图 2-2-3　二板模

A：____________；B：____________；C：____________；D：____________；
E：____________；F：____________；G：____________；H：____________；
PL：____________。

（11）请观看二板模和三板模工作状态视频资料，简述二板模和三板模的运动过程。

（12）简述行位与斜顶的作用。

（13）请根据以下活动评价表（见表 2-2-1）对本次活动进行评价。

表 2-2-1　活动评价表

任务环节	评分标准		所占分数	自我评价（20%）	组长评价（30%）	教师评价（50%）	得分
学习活动二：创建模具清单文件	职业素养	1.本次活动完成情况（好 10 分，一般 6 分，不好 0 分）。 2.工作页是否填写认真工整（是 5 分，不工整 2 分，未填写 0 分）。 3.语言表达是否流畅（是 5 分，不流畅 3 分，沉默 0 分）	20				
	知识点	1.能够识记常见的模具分类（能 10 分，一般 6 分，不能 0 分）。 2.能够识别二板模的结构（能 10 分，一般 6 分，不能 0 分）。 3.能够识别三板模的结构（能 10 分，一般 6 分，不能 0 分）	30				
	技能点	1.能运用办公软件绘制模具清单表格文件（能 20 分，一般 10 分，不能 0 分）。 2.能叙述塑胶注射模的特点及应用（能 10 分，一般 6 分，不能 0 分）。 3.能区分塑胶注射机的不同种类（能 10 分，一般 6 分，不能 0 分）。 4.能叙述注射机的注射工作过程（能 10 分，一般 6 分，不能 0 分）。 5.能简述行位与斜顶的作用（能 10 分，一般 6 分，不能 0 分）	50				
总分							

学习活动三　编制模具清单

【学习目标】

（1）能使用渲染软件渲染出零件图片。

（2）能将图片插入模具清单中，并对图片进行编辑，使其调整至合适状态。

（3）能确定模具穴数，编制出产品的模具清单。

【建议学时】

8学时。

【学习活动】

（1）模具清单中需要零件图片，总结获得零件图片的方法有哪些？

（2）请使用渲染软件 KeyShot 将零件渲染成图片格式，并保存在指定路径，常见的图片格式有哪些？请列举如下。

（3）请在模具清单零件图片一栏中插入零件图片，并对图片进行编辑，使其调整至合适大小。

（4）请根据零件的材料及尺寸确定模具型腔数。

（5）作为结构工程师，常常需要对产品进行跟模改模，因此需要了解模具行业的常用术语（见表 2-3-1），这对以后的工作会有很大帮助。

表 2-3-1 模具行业常用术语

常用名	别名 1	别名 2	别名 3
二板模	大水口模		
三板模	细水口模	小水口模	
PL 面	分模面	啪啦面	分型面
入水	进胶		
顶板	上固定板		
水口推板	脱料板	卸料板	剥料板
A 板	母模板	前模板	定模板
B 板	公模板	后模板	动模板
方铁	模脚	垫脚	站板
镶件	入子		
铲鸡	锁紧块	撑鸡	滑块束块
行位	滑块		
斜顶	斜销		
顶针	推杆		
唧嘴	浇口衬套		
水口	浇口	进浇口	入水口
导柱	边钉		
导套	边钉套		
司筒	套筒		
KO 孔	顶棍孔		
运水	冷却水道	水路	
面针板	上顶针板		
底针板	下顶针板		
底板	下固定板		
密封圈	胶圈	O 形圈	
水喉	水嘴	冷却水接头	
披锋	毛边	飞边	
放电	打火花		
省模	抛光	打光	
蚀纹	晒纹	咬花	
1 丝	1 条	0.01 mm	

续表

常用名	别名 1	别名 2	别名 3
枕位	前后模高出主分型面的封胶镶块		
火山口	塑胶产品圆柱下面的减胶位		
火箭脚	塑胶产品圆柱周围的加强筋		
BOSS	塑胶产品上有孔的圆柱		
吃前模	开模时，产品留在前模		
水口料	渗有回收塑料的原料		
火花纹	电火花加工留下的纹路		
倒扣	又称死角，塑胶产品上影响模具正常出模的部位		

（6）请简述模具设计流程。

（7）模具的浇注系统是指模具中从注塑机喷嘴开始到型腔入口为止的流动通道，在模具中主要起“桥梁”的作用。它把模具与注塑机连在一起，构成了一个通道，使能流动的塑胶材料对模具进行填充。浇注系统分为普通流道浇注系统和热流道浇注系统两类。普通流道浇注系统包括________、________、________和浇口。浇口又称水口，是浇注系统的关键部分，其常见的类型有________、________、________、________、________、________。

（8）请简述分模面的确定原则。

（9）请根据以下活动评价表（见表 2-3-2）对本次活动进行评价。

表 2-3-2　活动评价表

任务环节		评分标准	所占分数	自我评价（20%）	组长评价（30%）	教师评价（50%）	得分
学习活动三：编制模具清单	职业素养	1.本次活动完成情况（好 10 分，一般 6 分，不好 0 分）。 2.工作页是否填写认真工整（是 5 分，不工整 2 分，未填写 0 分）。 3.语言表达是否流畅（是 5 分，不流畅 3 分，沉默 0 分）	20				
	知识点	1.能够使用渲染软件（能 10 分，一般 6 分，不能 0 分）。 2.了解模具行业的常用术语（能 10 分，一般 6 分，不能 0 分）。 3.模具型腔数的确定原则(能 10 分，一般 6 分，不能 0 分)	30				
	技能点	1.能够渲染出模具清单中的零件图片(能 20 分，一般 10 分，不能 0 分)。 2.能将零件图片插入模具清单中（能 10 分，一般 6 分，不能 0 分）。 3.能根据零件的材料及尺寸确定模具型腔数（能 10 分，一般 6 分，不能 0 分）。 4.能简述模具设计流程（能 10 分，一般 6 分，不能 0 分）。 5.能简述分模面的确定原则（能 10 分，一般 6 分，不能 0 分）	50				
总　　分							

学习活动四　成果审核验收

【学习目标】

（1）能正确指出模具清单中存在的问题并进行标注。

（2）能根据教师意见对模具清单进行修改。

【建议学时】

1 学时。

【学习活动】

（1）各组将录入好的模具清单与其他组的模具清单进行审核，如有不符项、不同项，各组应该对其评审的组进行记录以及批改，其间保留所有审核记录。

（2）根据教师意见对模具清单进行修改。

学习活动五　总结评价

【学习目标】

（1）能够总结在编制模具清单中遇到的问题以及解决方法。
（2）能够对本次任务中的表现进行客观评价。

【建议学时】

1 学时。

【学习活动】

一、工作总结

（1）以小组为单位，撰写工作总结，并选用适当的表现方式向全班展示、汇报学习成果。

（2）评价：工作总结评分表（见表 2-5-1）。

表 2-5-1　工作总结评价表

评价指标	评价标准	分值（分）	评价方式及得分		
			个人评价（10%）	小组评价（20%）	老师评价（70%）
参与度	小组成员能积极参与总结活动	5			
团队合作	小组成员分工明确、合理，遇到问题不推诿责任，协作性好	15			
规范性	总结格式符合规范	10			
总结内容	内容真实，针对存在的问题有反思和改进措施	15			
总结质量	对完成学习任务的情况有一定的分析和概括能力	15			
	结构严谨、层次分明、条理清晰、语言顺畅、表达准确	15			
	总结表达形式多样	5			
汇报表现	能简明扼要地阐述总结的主要内容，能准确流利地表达	20			
学生姓名		小计			
评价教师		总分			

二、学习任务综合评价

学习任务综合评价如表 2-5-2 所示。

表 2-5-2　综合评价表

评价内容		得分	
学习活动一：明确任务，获取模具清单相关信息			
学习活动二：创建模具清单文件			
学习活动三：编制模具清单			
学习活动四：成果审核验收			
学习活动五：总结评价			
小计			
学生姓名		综合评价得分	
评价教师		评价日期	

学习任务三

工程图编制

任务书

单号：　　　　开单部门：　　　　开单人： 开单时间：　　年　月　日　时　分 接单部门：工程部结构设计组	
任务概述	某公司研发部的对讲机开发过程中3D模型与功能样机已经完成，现需要绘制所有非标准零件的工程图，用于加工生产、检验、打样等。要求根据设计完成的3D模型运用绘图软件（Pro/E、AutoCAD等）完成。该企业技术人员咨询我校专业教师，在校生能否帮助他们完成公司刚开发完的产品对讲机的非标零件的工程图绘制。教师团队认为我校学生已经掌握机械制图标准、工程制图相关知识，在教师的指导下可以完成这些绘图工作。现企业提供给我们对讲机的总装配体以及挑选出的需要绘制工程图的3D零件，要求学生在1周内完成对讲机非标准零件的工程图编制工作。最后需要交由企业评审，企业会对优秀的学生给予其工作面试机会
提供的资料	对讲机的3D图纸、工程图纸、企业内部模具清单的模板文件
任务完成时间	
接单人	（签名）　　　　　　年　　月　　日

【学习目标】

（1）能够叙述工程图的作用及意义。
（2）能够明确工程图各要素的含义。
（3）能够根据要求设置Creo软件的配置文件并设置工程图模板文件。
（4）能够根据零件的材料及成型方式进行分类。
（5）能够制作整机爆炸图。
（6）能够绘制机加工零件工程图。
（7）能够绘制钣金件工程图。
（8）能够绘制塑胶件零件工程图。
（9）能够对工程图进行审核。

【基准学时】

40学时。

学习活动一　明确任务，获取工程图相关信息

【学习目标】

（1）能够叙述工程图的作用及意义。
（2）能够明确工程图各要素的含义。
（3）识记国家标准中工程图的相关内容。
（4）能够根据要求设置 Creo 软件的配置文件。

【建议学时】

4学时。

【学习活动】

（1）阅读任务书。

独立阅读工作页中的任务书，明确完成任务的关键内容，在任务书中画出关键词，对整个任务书理解无误后在任务书中签字。

（2）查阅资料，明确工程图的定义以及工程图各组成要素的含义。

请写出工程图的定义以及工程图各组成要素的含义，并区分零件工程图与装配工程图的不同。

（3）工程图作为指导生产的技术文件，必须具备统一的标准，在工作使用中必须重视遵循国家制图标准。以下对国家制图标准的相关规定进行简要介绍，具体规定请参考《机械制图》等书籍。注：本任务中的工程图制作软件为 Creo4.0。

① 图纸幅面尺寸。

国标规定绘制工程图样时应优先选择 A0、A1、A2、A3、A4 等基本幅面，图纸可

分为留有装订边和不留装订边两种格式，如图 3-1-1 所示，请在表 3-1-1 中填写图纸基本幅面尺寸。

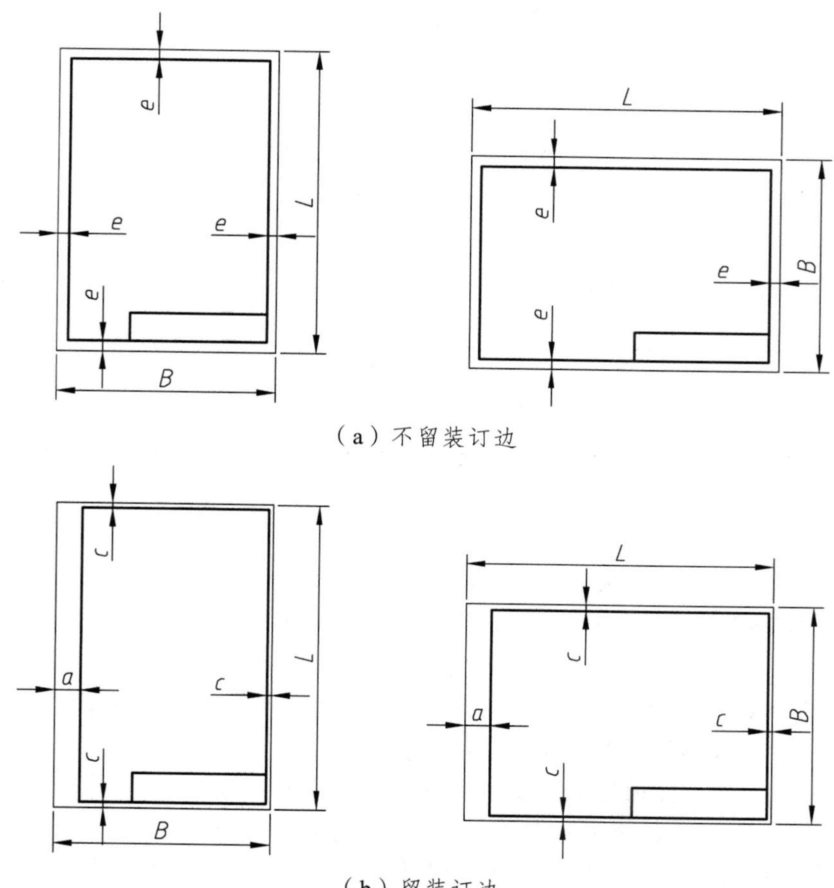

（a）不留装订边

（b）留装订边

图 3-1-1　图框格式

表 3-1-1　图纸基本幅面　　单位：mm

幅面代号	尺寸 $B \times L$	a	c	e
A0				
A1				
A2				
A3				
A4				

注：a、c、e 为留边宽度。

② 比例。

图中图形与其实物相应要素的线性尺寸之比，称为比例，如表 3-1-2 所示。原值比例为________；2：1 为__________比例；1：2 为__________比例。

表 3-1-2　比例

种　类	第一系列	第二系列
原值比例	1：1	—
放大比例	2：1　5：1 1×10^n：1　2×10^n：1 5×10^n：1	2.5：1　4：1 2.5×10^n：1　4×10^n：1
缩小比例	1：2　1：5　1：10 1：2×10^n　1：5×10^n 1：1×10^n	1：1.5　1：2.5　1：3　1：4　1：6 1：1.5×10^n　1：2.5×10^n　1：3×10^n 1：4×10^n

注：表中 n 为正整数。

③ 字体。

在完整的工程图中除了图形之外，还有文本注释、尺寸标注、基准标注、表格内容及其他文字说明等内容。字体的高度决定了该字体的号数，如 7 号字的字高为__________。工程图中的汉字应写成长仿宋体，汉字的高度 h 不应小于 3.5 mm，其字宽一般为 $h/\sqrt{2}$（约为字高的 2/3）。用作极限偏差、分数、脚注或指数等的数字与字母应采用小一号的字体。Creo 文本库中所包含的字体十分有限，尤其缺乏中文字体，若想要在 Creo 4.0 工程图模块中添加 Windows 中使用的字体，可参考如下操作过程：

a. 打开 Windows 中的字体库文件夹，文件夹路径为 C:\Windows\Fonts。

b. 找到图 3-1-2 所示的仿宋体字体，将其复制粘贴到 Creo 4.0 的系统字体目录，默认的安装路径为 C:\Program Files\PTC\Creo 4.0\F000\Common Files\text\fonts，如图 3-1-3 所示。

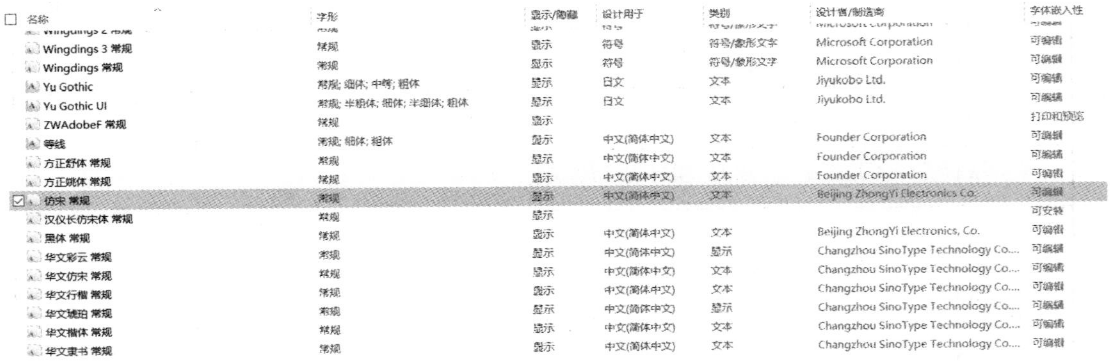

名称	字形	显示/隐藏	设计用于	类别	设计者/制造商	字体嵌入性
Wingdings 3 常规	常规	显示	符号	符号/象形文字	Microsoft Corporation	可编辑
Wingdings 常规	常规	显示	符号	符号/象形文字	Microsoft Corporation	可编辑
Yu Gothic	常规; 细体; 中等; 粗体	显示	日文	文本	Jiyukobo Ltd.	可编辑
Yu Gothic UI	常规; 半粗体; 细体; 半细体; 粗体	显示	日文	文本	Jiyukobo Ltd.	可编辑
ZWAdobeF 常规	常规	显示				打印和预览
等线	常规; 细体; 粗体	显示	中文(简体中文)	文本	Founder Corporation	可编辑
方正舒体 常规	常规	显示	中文(简体中文)	文本	Founder Corporation	可编辑
方正姚体 常规	常规	显示	中文(简体中文)	文本	Founder Corporation	可编辑
仿宋 常规	常规	显示	中文(简体中文)	文本	Beijing ZhongYi Electronics Co.	可编辑
汉仪长仿宋体 常规	常规	显示				可安装
黑体 常规	常规	显示	中文(简体中文)	文本	Beijing ZhongYi Electronics, Co.	可编辑
华文彩云 常规	常规	显示	中文(简体中文)	显示	Changzhou SinoType Technology Co....	可编辑
华文仿宋 常规	常规	显示	中文(简体中文)	文本	Changzhou SinoType Technology Co....	可编辑
华文行楷 常规	常规	显示	中文(简体中文)	文本	Changzhou SinoType Technology Co....	可编辑
华文琥珀 常规	常规	显示	中文(简体中文)	显示	Changzhou SinoType Technology Co....	可编辑
华文楷体 常规	常规	显示	中文(简体中文)	文本	Changzhou SinoType Technology Co....	可编辑
华文隶书 常规	常规	显示	中文(简体中文)	文本	Changzhou SinoType Technology Co....	可编辑

图 3-1-2　Windows 字体库中的字体

电脑 > 系统 (C:) > Program Files > PTC > Creo 4.0 > F000 > Common Files > text > fonts

名称	修改日期	类型	大小
gargrai.ttf	2019/7/31 15:38	TrueType 字体文件	41 KB
grotesq.ttf	2019/7/31 15:38	TrueType 字体文件	36 KB
grotesqb.ttf	2019/7/31 15:38	TrueType 字体文件	35 KB
isonormlt-regular.ttf	2019/7/31 15:38	TrueType 字体文件	77 KB
microex.ttf	2019/7/31 15:38	TrueType 字体文件	35 KB
microexb.ttf	2019/7/31 15:38	TrueType 字体文件	49 KB
neograph.ttf	2019/7/31 15:38	TrueType 字体文件	28 KB
sackengs.ttf	2019/7/31 15:38	TrueType 字体文件	50 KB
schlbk.ttf	2019/7/31 15:38	TrueType 字体文件	49 KB
schlbkb.ttf	2019/7/31 15:38	TrueType 字体文件	48 KB
schlbkbi.ttf	2019/7/31 15:38	TrueType 字体文件	49 KB
schlbki.ttf	2019/7/31 15:38	TrueType 字体文件	49 KB
shanno.ttf	2019/7/31 15:38	TrueType 字体文件	48 KB
shannob.ttf	2019/7/31 15:38	TrueType 字体文件	55 KB
shannoeb.ttf	2019/7/31 15:38	TrueType 字体文件	52 KB
shannoo.ttf	2019/7/31 15:38	TrueType 字体文件	48 KB
simfang.ttf	2018/1/8 2:31	TrueType 字体文件	10,331 KB
simsunb.ttf	2018/4/12 7:34	TrueType 字体文件	16,665 KB
spart12.ttf	2019/7/31 15:38	TrueType 字体文件	38 KB

图 3-1-3　Creo 4.0 中的字体目录

c. 重新启动 Creo 4.0。在工程图环境中，在“注释”菜单栏下选中“文本样式”，选中注释文本后弹出如图 3-1-4 所示的“文本样式”对话框。

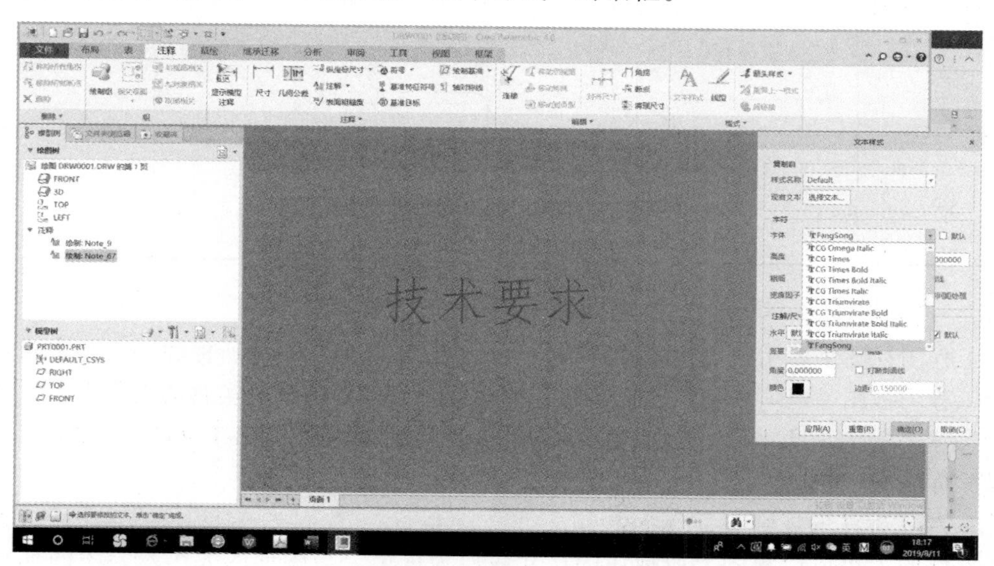

图 3-1-4　“文本样式”对话框

④ 线型。

工程图是由各式各样的线条组成的。基本线型有：____________、细实线、____________、粗虚线、________________、粗点画线、双点画线、波浪线、双折线等。请在表 3-1-3 中填写出常用线型的用途。

表 3-1-3 常用的图线、线型及用途

代码	名称及线型	应用示例	一般用途
01.1	细实线	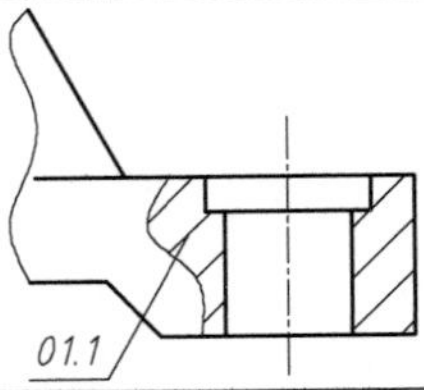	
基本线型的变形	波浪线	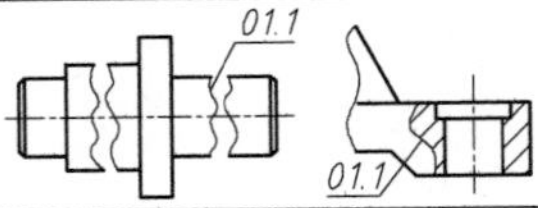	
图线的组合	双折线	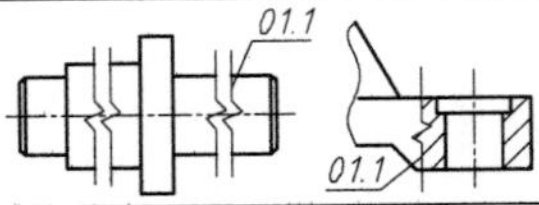	
01.2	粗实线	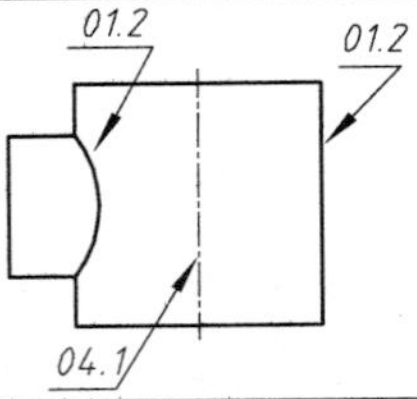	
04.1	细点画线		
02.1	细虚线	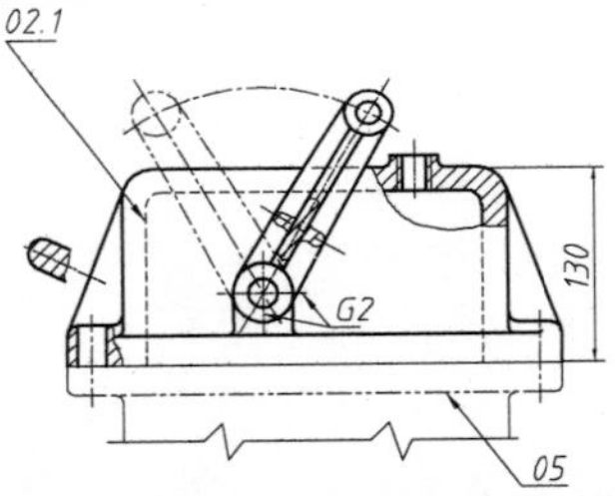	
05	细双点画线		

⑤ 尺寸标注。

工程图视图主要用来表达零件的结构与形状，其具体大小由所标注的尺寸来确定，无论工程图视图是以何种绘图比例绘制，标注的尺寸都要求反映实物的真实大小，即以真实尺寸来标注。尺寸标注是工程图中非常重要的组成部分，GB/T 4458.4—2003 规定了尺寸标注的方法。

a. 尺寸标注的规则。

零件的大小应以视图上所标注的尺寸数值为依据，与图形的大小及绘图的准确性__________（有关、无关）。

视图中的尺寸默认为零件__________（加工前、加工后）的尺寸，如果不是，则应另加说明。

若标注的尺寸以__________为单位，不必标注尺寸计量单位的名称与符号，若采用了其他单位，则应标注相应单位的名称与符号。

尺寸的标注__________（允许、不允许）重复，并且要求标注在最能反映零件结构的视图上。

b. 尺寸的三要素。

尺寸由__________、__________、__________三个基本要素组成，另外，在许多情况下，尺寸还应包括箭头。

尺寸数字：一般用 3.5 号斜体，也允许使用直体，要求使用__________为单位时，不必标注计量单位的名称与符号。

尺寸线：用以放置尺寸数字。规定使用细实线绘制，通常与图形中标注该尺寸的线段__________（平行、倾斜）。尺寸线的两端通常带有箭头，箭头的尖端指到尺寸界限上。关于尺寸线的绘制有如下要求：尺寸线__________（能、不能）用其他图线代替；__________（能、不能）与其他图线重合；__________（能、不能）画在视图轮廓的延长线上；尺寸线之间或尺寸线与尺寸界线之间__________（可以、避免）出现交叉情况。

尺寸界线：用来确定尺寸的范围，用__________（细实线、粗实线）绘制。尺寸界线可以从图形的轮廓线、中心线、轴线或对称中心线处引出，也可以直接使用轮廓线、中心线、轴线或对称中心线为尺寸界线。另外，尺寸界线的末端应超出尺寸线 2 mm 左右。

（4）请根据如下要求设置 Creo4.0 软件的配置文件。

使用 Creo4.0 软件时应注意文件的目录管理，如果文件管理混乱，会造成系统找不到正确的相关文件，从而影响 Creo4.0 的全相关性，同时也会使文件的保存、删除等操作产生混乱，所以创建工程图的第一步应该设置好工作目录。工程图的工作目录应设置在工程图参考模型的所在目录，确保文件间的关联性。请根据以下操作步骤设置 Creo4.0 软件的配置文件。

① 设置工作目录。

打开 Creo4.0 绘图软件，选择工作目录。选择模型所在的位置文件夹作为工作目录，如图 3-1-5 所示，所指定的工作目录将被作为打开和保存文件的默认目录，但是在下次重新启动软件时需要重新指定工作目录。

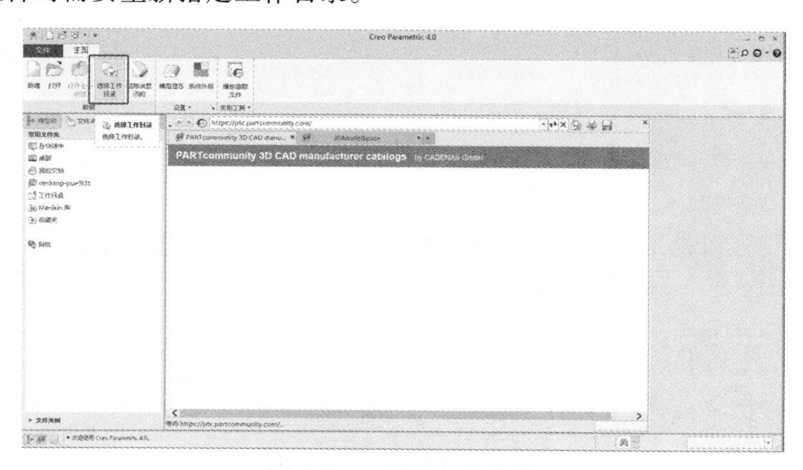

图 3-1-5　设置工作目录

② 设置系统配置文件。

Creo 软件的系统配置文件名为 config.pro，其中对软件的工作环境以及对一些基本的选项进行了设置。将设置好的 config.pro 文件复制到安装目录中的 text 目录中，假设 Creo4.0 的安装目录为 C:\Program Files\PTC，则应将 config.pro 文件复制到 C:\Program Files\PTC\Creo 4.0\F000\Common Files\text 中，如图 3-1-6 所示。若需要将计算机中设置好的系统配置文件 config.pro 导出，可通过“文件”下拉菜单中的“选项”命令从弹出的“Creo Parametric 选项”对话框中导出，如图 3-1-7 所示。

此电脑 › 系统 (C:) › Program Files › PTC › Creo 4.0 › F000 › Common Files › text

名称	修改日期	类型	大小
cleanup_bottle.trn	2019/7/31 15:38	TRN 文件	2 KB
cns_cn.dtl	2019/7/31 15:38	DTL 文件	8 KB
cns_tw.dtl	2019/7/31 15:38	DTL 文件	11 KB
config.cdb	2019/7/31 15:38	CDB 文件	92 KB
config.pro	2016/12/30 14:44	PRO 文件	6 KB
cround.sec	2019/7/31 15:38	Creo Section File	31 KB
cround_hdr.sec	2019/7/31 15:38	Creo Section File	12 KB
croundwtip.sec	2019/7/31 15:38	Creo Section File	35 KB
croundwtip_hdr.sec	2019/7/31 15:38	Creo Section File	13 KB
ctrdrl.sec	2019/7/31 15:38	Creo Section File	30 KB

图 3-1-6　设置系统配置文件

图 3-1-7　导出配置文件 config.pro

③ 设置 Creo4.0 工程图的配置文件。

Creo4.0 工程图包括两种工程图配置文件：drawing.dtl 和 format.dtl。其中 drawing.dtl 是工程图主配置文件，该配置文件在工程图环境中主要设置尺寸高度、注释文本、文本定向、几何公差标准、字型属性、草绘标准、箭头长度和样式等工程图属性；而 format.dtl 是格式配置文件，用来在格式环境中设置工程图格式文件的相关属性。

第一步：进入 Creo4.0 的工程图环境，如图 3-1-8 所示。

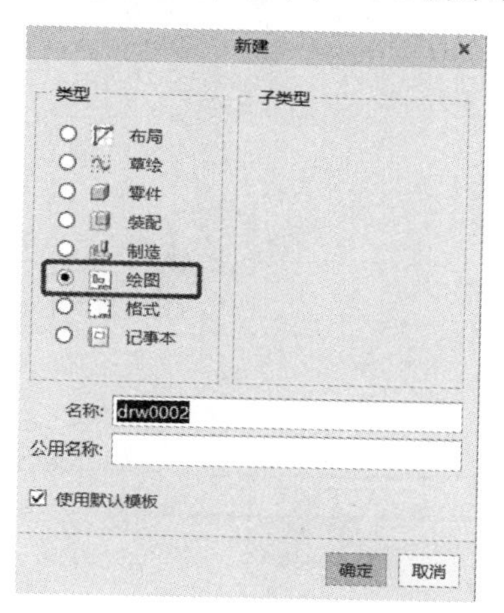

图 3-1-8　新建工程图

第二步：选择"文件"下拉菜单中的"准备"进入"绘图属性"，如图 3-1-9 所示。选择绘图属性中的详细信息选项"更改"，如图 3-1-10 所示。打开活动绘图的配置文件 drawing.dtl，如图 3-1-11 所示，更改工程图配置文件后，文字高度、箭头等样式会发生变化。工程图的格式配置文件为 format.dtl，其设置方法与工程图主配置方法一致。

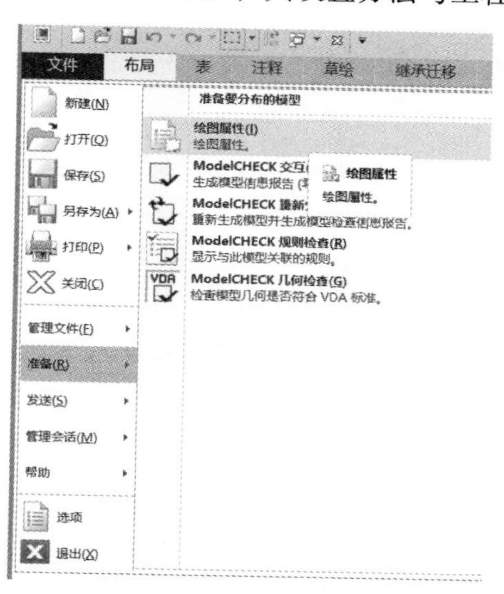

图 3-1-9　绘图属性

图 3-1-10 更改绘图属性

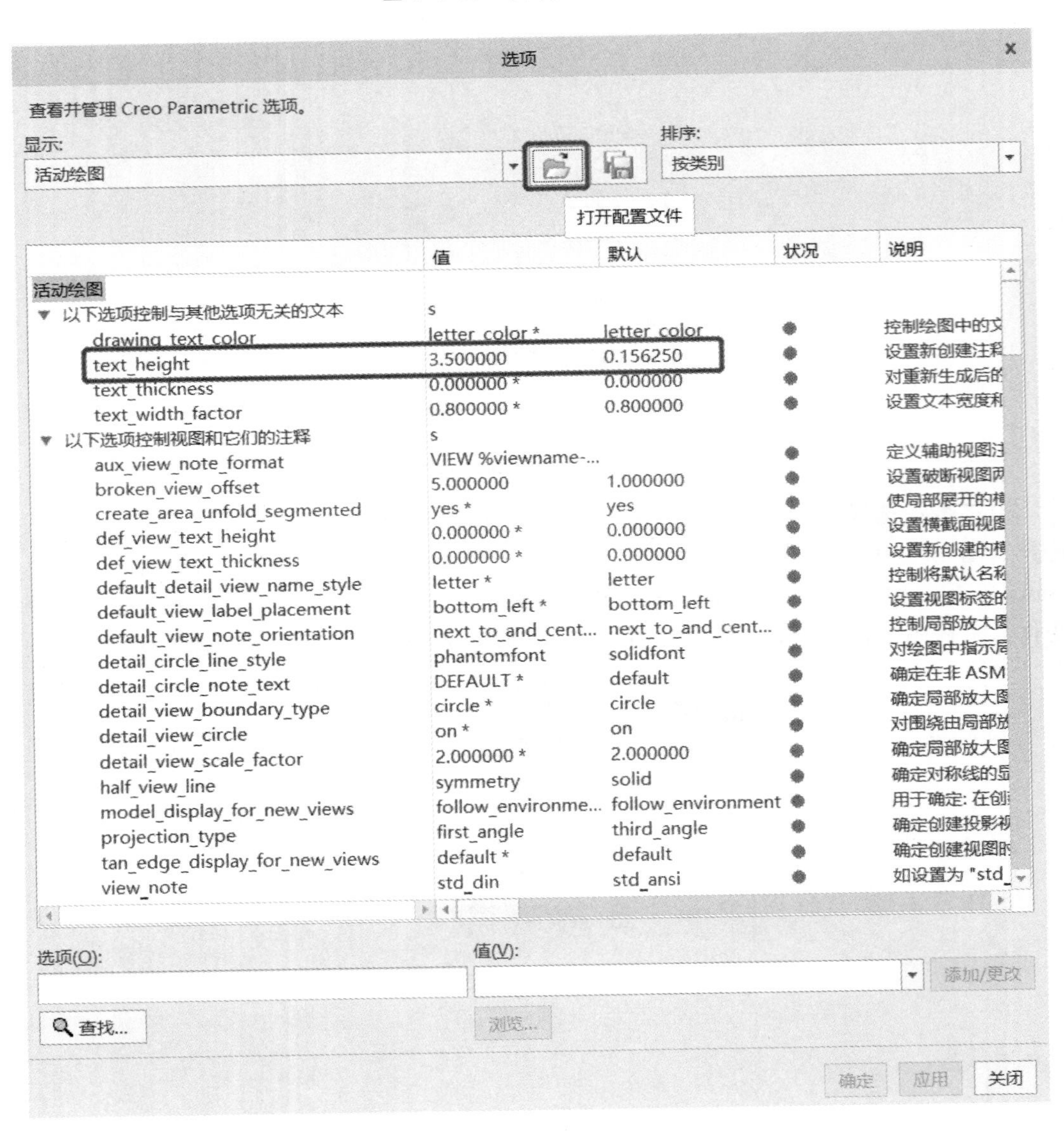

图 3-1-11 更改工程图配置文件 drawing.dtl

（5）请根据以下活动评价表（见表 3-1-4）对本次活动进行评价。

表 3-1-4　活动评价表

任务环节	评分标准		所占分数	自我评价（20%）	组长评价（30%）	教师评价（50%）	得分
学习活动一：获取工程图相关信息	职业素养	1.为完成本次活动是否做好课前准备（充分 5 分，一般 3 分，没有 0 分）。 2.本次活动完成情况（好 10 分，一般 6 分，不好 0 分）。 3.工作页是否填写认真工整（是 5 分，不工整 2 分，未填写 0 分）	20				
	知识技能点	1.能够叙述工程图的作用及意义（能 10 分，一般 5 分，不能 0 分）。 2.能够明确工程图各要素的含义（能 10 分，一般 5 分，不能 0 分）。 3.能够区分零件工程图与装配工程图（能 10 分，一般 5 分，不能 0 分）。 4.识记国家标准中关于工程图的图幅、比例、字体、线型、尺寸标注等内容（能 10 分，一般 5 分，不能 0 分）。 5.能够设置工作目录（能 20 分，一般 10 分，不能 0 分）。 6.能够设置 Creo 软件的配置文件（能 20 分，一般 10 分，不能 0 分）	80				
总分							

学习活动二　创建工程图模板文件

【学习目标】

（1）能够看得懂企业已有工程图文件，分析零件工程图及装配工程图中各要素的含义。

（2）能够识记 Creo4.0 工程图界面各部分的功能。

（3）能够创建工程图格式模板文件。

（4）能够创建工程模板文件。

【建议学时】

6 学时。

【学习活动】

（1）分析某企业产品的零件工程图，如图 3-2-1 所示，并回答以下问题。

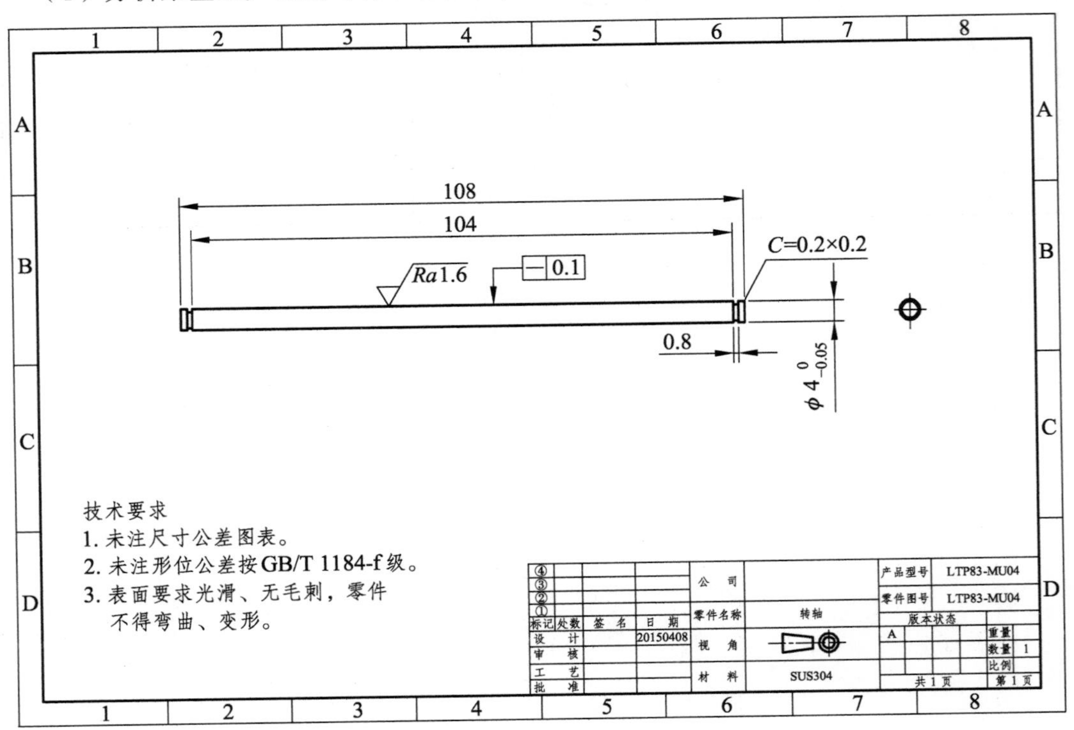

图 3-2-1　某产品的零件工程图

① 零件名称是什么？

② 零件的材料是什么？

③ 此零件图采用的是第几视角画法？

（2）创建工程图模板文件。

① 认识 Creo4.0 工程图的工作界面，如图 3-2-2 所示。

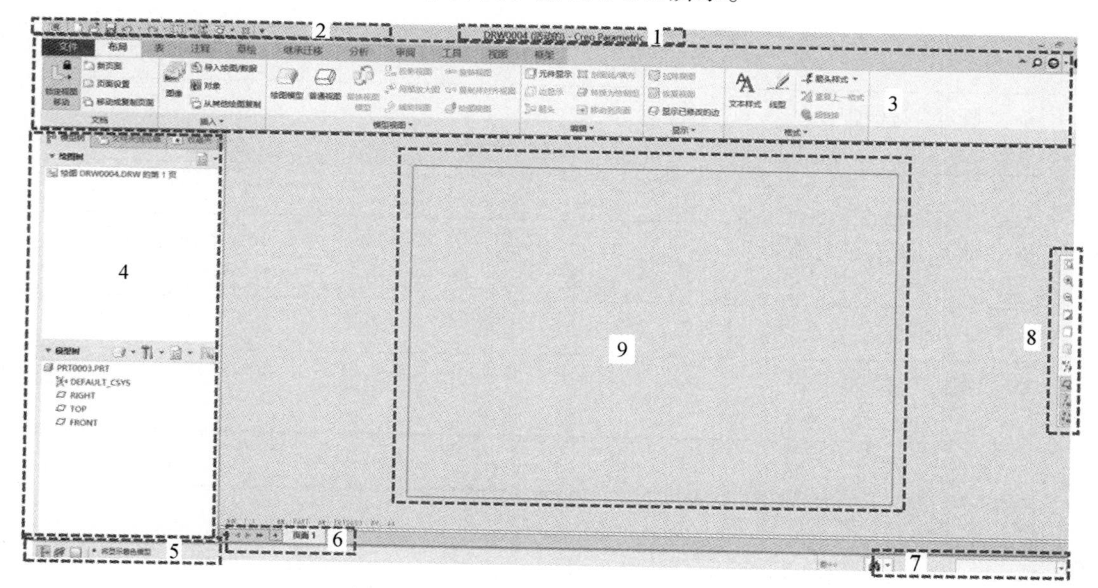

图 3-2-2　Creo4.0 工程图的工作界面

请将各区域部分的名称写在下面。

第 1 部分：

第 2 部分：

第 3 部分：

第 4 部分：

第 5 部分：

第 6 部分：

第 7 部分：

第 8 部分：

第 9 部分：

② 认识功能选项卡区中的各项功能。

在创建或编辑某个工程图元素时，必须先进入相应的功能选项卡，请写明各选项卡的功能。

❖“布局”选项卡：

____

____

❖“表”选项卡：

____

____

❖“注释”选项卡：

____

____

❖“草绘”选项卡：

____

____

❖“继承迁移”选项卡：

____

____

❖“分析”选项卡：

____

____

❖“审阅”选项卡：

____

____

❖“工具”选项卡：

____

____

❖“视图”选项卡：

____

____

③ 创建格式模板文件。

a. 绘制图框。

图框一般分为留装订边和不留装订边两种格式，且必须按照国家标准使用粗实线绘制，请使用“草绘”功能选项卡中的直线功能绘制出留有装订边的横向 A3 图纸图框。

b. 创建标题栏。

标题栏是工程图的重要组成部分之一，在每张图纸的右下角都应该绘制标题栏。标题栏的方向应与看图的方向一致，其格式和大小应符合国家标准 GB/T 10609.1—2008、GB/T 10609.2—2009 的规定，但在实际应用中，为更好地表达图样中所展示的信息，标题栏的格式与尺寸也会因图而异。请使用“表”功能选项卡区域中“插入表”命令创建标题栏，如图 3-2-3 所示。

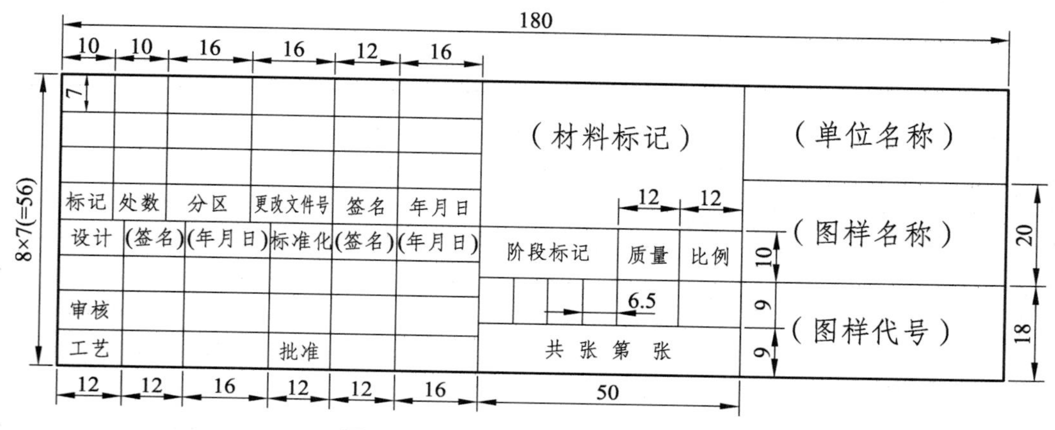

图 3-2-3 典型零件图标题栏样式

Ⅰ. 定义表格参数。

定义表格参数包括__________、__________、__________和 __________四个方面的内容，如图 3-2-4 所示。

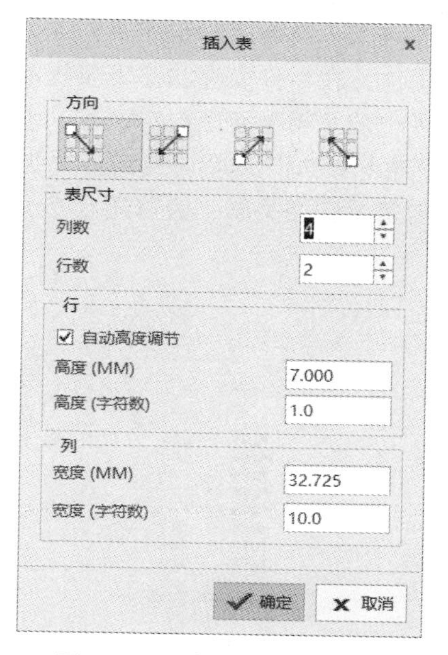

图 3-2-4 “插入表”对话框

Ⅱ. 定义标题栏位置。

将表格放入图框的右下方位置，调整并编辑表格尺寸。

Ⅲ. 填写标题栏内容。

在表格中填入标题栏各要素，创建如图 3-2-3 所示的标题栏。

Ⅳ. 加入参数。

在绘制标题栏时，可以预先输入自定义参数或系统参数，加入工程图后，系统将自动生成相应的项目，常见的参数如表 3-2-1 所示。

表 3-2-1　常见参数

参数名	含　义
&todays_date	显示创建日期
&model_name	显示绘图中所使用模型的名称
&dwg_name	显示绘图名称
&scale	显示绘图比例
&type	显示模型类型（零件或组件）
&format	显示格式尺寸
¤t_sheet	显示当前页码
&total_sheets	显示工程图的总页数
&dtm_name	显示基准平面的名称
&cname	显示模型的名称，如齿轮、轴承等
&cmass	用户定义的质量参数，通过关系式 mass=MP_MASS（“”）自动计算零件的质量
&czpth	显示当前零件被哪个装配调用

说明：为保证参数的关联性，在零件模型状态下要提前设置好零件的参数。在零件环境中的“模型”功能选项区中的“模型意图”中选定“参数”，进入“参数”对话框，如图 3-2-5 所示。在标题栏中输入参数时，应切换到英文状态输入“&”，输入参数后，表格中字母显示为大写字母则表示已经关联，为可用状态，否则表示没有关联，为不可用状态。

图 3-2-5　模型参数对话框

Ⅴ. 保存标题栏。

将绘制完毕的标题栏进行保存，便于在以后的工程图中直接调用。

c. 设置页面格式。

页面格式是指在绘图前，每个页面中出现的图形元素，如公司名称、图纸幅面、版本号和日期等项目，在绘图时有时需要根据具体要求指定自己的绘图格式。

Ⅰ. 使用外部导入数据创建格式。

由 AutoCAD 软件可方便地绘制出工程图所需的页面格式，如表格、边框等，但这些文件不能直接在工程图中使用，需要在 Creo4.0 环境中对其进行处理后生成可供工程图直接使用的格式文件。请根据如下步骤导入 AutoCAD 软件中创建好的格式文件。

第一步：单击 Creo4.0 软件中的“新建” 新建(N) 按钮，在“新建”对话框中选择“格式” 格式 选项，在文本框中输入格式名（如 A3），如图 3-2-6 所示，单击“确定”按钮后进入“新格式”对话框。

第二步：在“新格式”对话框中指定模板选择为“空”，方向设置为“横向”，大小选择图纸幅面为“A3”（与第一步中创建的名称一致），如图 3-2-7 所示，单击“确定”后进入绘图模式。

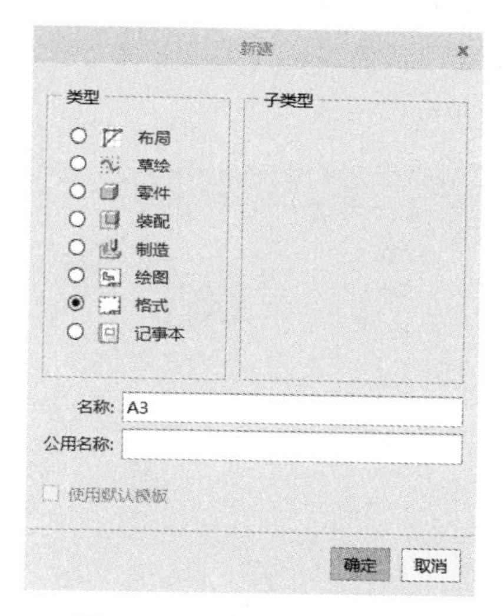

图 3-2-6 “新建”对话框

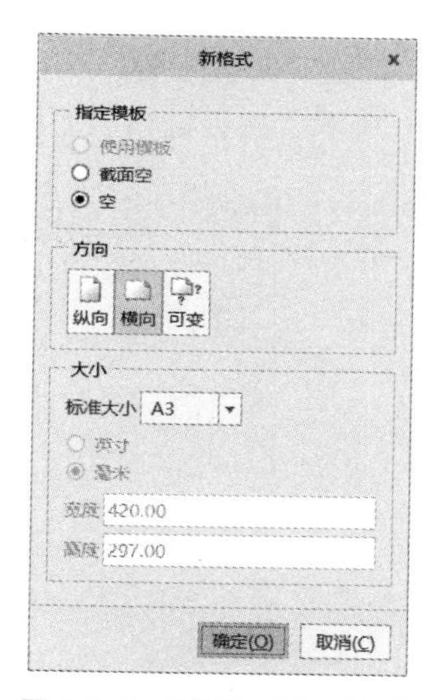

图 3-2-7 “新格式”对话框

第三步：在功能选项卡区域的“布局”选项卡中选择“导入绘图/数据”按钮，如图 3-2-8 所示。导入在 AutoCAD 软件中创建好的后缀名为 dwg 的格式文件。

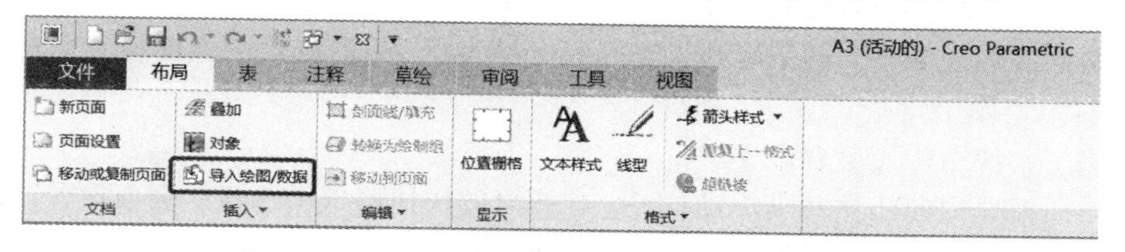

图 3-2-8 “导入绘图/数据”导入外部格式文件

第四步：在格式环境中，利用格式模式中的工具绘制表格，加入注解及参数化信息等，创建所需的页面格式。

第五步：修改格式完毕后，将文件保存成一个后缀名为 frm 的格式文件。

Ⅱ. 调用格式文件。

在新建“绘图”进入工程图环境后，有以下三种方法调用已经创建好的绘图格式文件。

方法一：使用菜单命令。

第一步：在 Creo4.0 工程图环境中的“布局”功能选项卡中单击“页面设置”按钮，如图 3-2-9 所示，进入页面设置对话框。

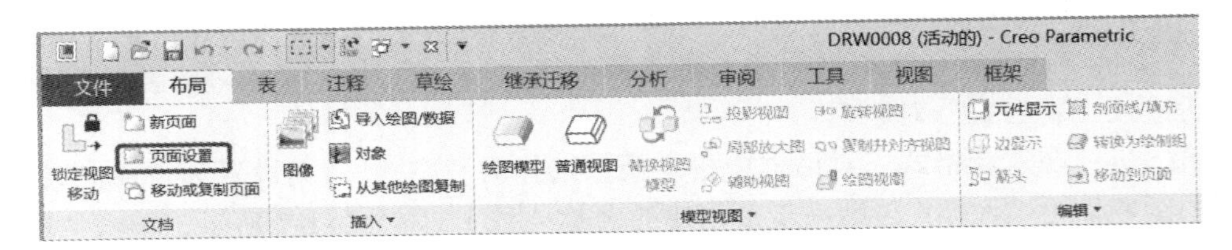

图 3-2-9　进入“页面设置”

第二步：在“页面设置”对话框中的“格式”栏的下拉列表中选择“浏览”选项，如图 3-2-10 所示，选择之前设置好的后缀名为 frm 的格式文件。

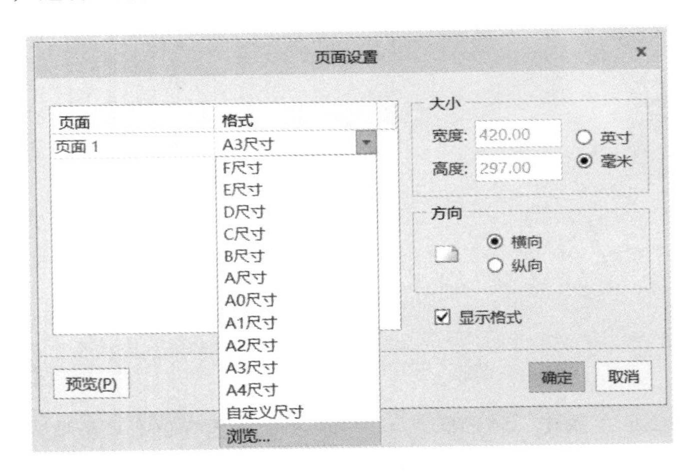

图 3-2-10　“页面设置”对话框

方法二：使用图纸幅面标记命令。

双击绘图区左下角的图纸幅面标记“尺寸：A4”，系统弹出“页面设置”对话框，如图 3-2-10 所示。

方法三：使用快捷菜单命令。

在绘图窗口中的任意空白位置右击，在弹出的快捷菜单中选择“页面设置”命令，系统弹出“页面设置”对话框，如图 3-2-10 所示。

Ⅲ. 创建工程图模板文件。

请参考以上步骤创建出符合国家标准规范的各种类型的工程图模板文件，如“A4-横.drw”“A4-竖.drw”“A3-横.drw”“A3-竖.drw”“A2-横.drw”“A2-竖.drw”等。

（3）创建工程图视图基本知识。

工程图视图是工程图最重要的组成部分，一张完整的工程图首先从创建视图开始，在正式创建本任务中对讲机的各零件工程图之前，要先学会 Creo4.0 的工程图视图创建方法。

① 回顾已学课程知识，汇总表达零件外形的视图有哪些？

____

____

② 表达零件内部结构的视图有哪些？

____

____

③ 利用“绘图视图”对话框，可以修改视图的类型、可见区域、视图比例、剖面、视图状态、视图显示方式以及视图的对齐方式等属性。在 Creo4.0 软件系统的工程图环境下，在功能选项卡区域中的“布局”选项卡中单击“普通视图”按钮，进入“绘图视图”对话框，如图 3-2-11 所示。

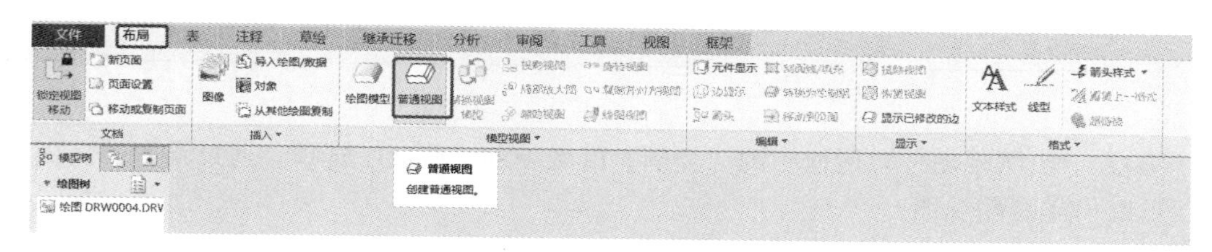

图 3-2-11　创建普通视图

④ 在 Creo4.0 工程图的模型视图中，将视图类型分为六种，这六种视图是生成其他视图类型的基础，请简述这六种视图类型的名称及功能。

❖ 一般视图：

____

____

❖ 投影视图：

____

____

❖ 辅助视图：

____

____

❖ 局部放大图：

____

____

❖ 旋转视图：

____

____

❖ 复制并对齐视图：

____

____

⑤ 在“绘图视图”对话框中，“可见区域”的属性可以设置哪些视图的可见性？

____

____

⑥ 设置“比例”属性时，请区分放大比例和缩小比例。请问“1∶2”是放大比例还是缩小比例？

____

____

⑦ 在“绘图视图”对话框中的“类别”区域中的“截面”选项，通过设置“截面选项”可以创建哪些视图？

____

____

⑧ 请简述“绘图视图”对话框中的“类别”区域中的“视图状态”选项的功能。

____

____

（4）对零件进行分类。

请根据零件的成型加工方式对零件进行分类。

（5）请根据以下活动评价表（见表 3-2-2）对本次活动进行评价。

表 3-2-2　活动评价表

<table>
<tr><th>任务环节</th><th colspan="2">评　分　标　准</th><th>所占分数</th><th>自我评价（20%）</th><th>组长评价（30%）</th><th>教师评价（50%）</th><th>得分</th></tr>
<tr><td rowspan="2">学习活动二：创建工程图模板文件</td><td>职业素养</td><td>1.为完成本次活动是否做好课前准备（充分 5 分，一般 3 分，没有 0 分）。
2.本次活动完成情况（好 10 分，一般 6 分，不好 0 分）。
3.工作页是否填写认真工整（是 5 分，不工整 2 分，未填写 0 分）</td><td>20</td><td></td><td></td><td></td><td></td></tr>
<tr><td>知识技能点</td><td>1. 能够分析企业已有工程图文件中的各要素含义（能 10 分，一般 5 分，不能 0 分）。
2. 能够识记 Creo4.0 工程图界面各部分的功能（能 10 分，一般 5 分，不能 0 分）。
3. 能够创建工程图格式模板文件（能 20 分，一般 10 分，不能 0 分）。
4. 能够创建工程图模板文件（能 10 分，一般 5 分，不能 0 分）。
5. 会创建工程图基本视图（能 20 分，一般 10 分，不能 0 分）。
6. 能够根据零件的成型加工方式对零件进行分类（能 10 分，一般 5 分，不能 0 分）</td><td>80</td><td></td><td></td><td></td><td></td></tr>
<tr><td colspan="7">总　　　分</td><td></td></tr>
</table>

学习活动三　绘制工程图

【学习目标】

（1）能创建零件模板文件与装配图模板文件。

（2）能制作整机爆炸工程图，包含零件序号及明细栏。

（3）能绘制机加工零件工程图。

（4）能绘制钣金件工程图。

【建议学时】

24 学时。

【学习活动】

（1）查阅资料，明确爆炸工程图的作用以及爆炸工程图的各组成要素，其中 BOM 表用于在装配工程图中详细地列出各零件的状态及装配组件或零件的参数。BOM 表能根据用户在产品设计过程中设定一些特定的参数，自动生成符合企业标准的明细表。另外，BOM 表是组件工程图中常用的表格，用于统计当前使用的零件名称、类型、数量等参数，它提供了一个将字符、图形、表格和数据组合在一起以形成一个动态报告的功能强大的格式环境，并可根据数据的大小自动改变表格的大小和显示方式。

（2）创建实体零件模板。

BOM 表中存在大量的模型参数，如零件名称、材料及零件质量等，这些参数是和零件模型中的参数相对应的。为了在 BOM 表中更清晰地反映零件模型的参数，需要对零件模型添加或修改参数，使其与 BOM 表中的参数相吻合。实体零件模型的模板包括如下标准要素：

① 三个基准平面，分别命名为 FRONT、TOP、RIGHT。

② 定义多个视图方向，如 FRONT、BACK、TOP、BOTTOM、LEFT、RIGHT 和 DEFAULT 等。

③ 定义多个参数，如：

❖ CNAME ——零件名称；

❖ CMASS ——零件质量；

❖ CMAT ——零件材料；

❖ DRAWINGNO ——图号；

❖ DESIGNER ——设计者；

❖ DRAFTER ——绘图；

❖ AUDITER ——审核；

❖ COMPANY ——设计单位；

❖ PARTTYPE ——零件类型，W 为外购件，B 为标准件，Z 为自生产件；

❖ 定义默认参数：DENSITY=7.8e-6。

请参考如下步骤创建实体零件模板。

第一步：新建实体零件模板。选择“文件”下拉菜单中的“新建”命令，新建“零件”实体类型，不使用默认模板。选取提供的“mmns_part_solid”模板，此模板中系统已经创建了三个基本平面（FRONT、TOP、RIGHT）和多个视图方向（FRONT、BACK、TOP、BOTTOM、LEFT、RIGHT 和 DEFAULT）。

第二步：定义参数。在功能选项卡区域的“工具”选项卡中选择“参数”按钮。在“参数”对话框中的“查找范围”区域中，选择对象类型为“零件”，单击 ✚ 按钮添加新的参数，在“名称”栏中输入新参数名“CNAME”，在“类型”下拉列表中选取“字符串”选项，在“值”栏中输入零件名称作为参数值，如图 3-3-1 所示。通过同样的操作方法定位参数 CMAT、DRAWINGNO、PARTTYPE、DESIGNER、DRAFTER、AUDITER、COMPANY、CMASS，除 CMASS 在“类型”下拉列表中选取“实数”选项外，其他均选取“字符串”选项。

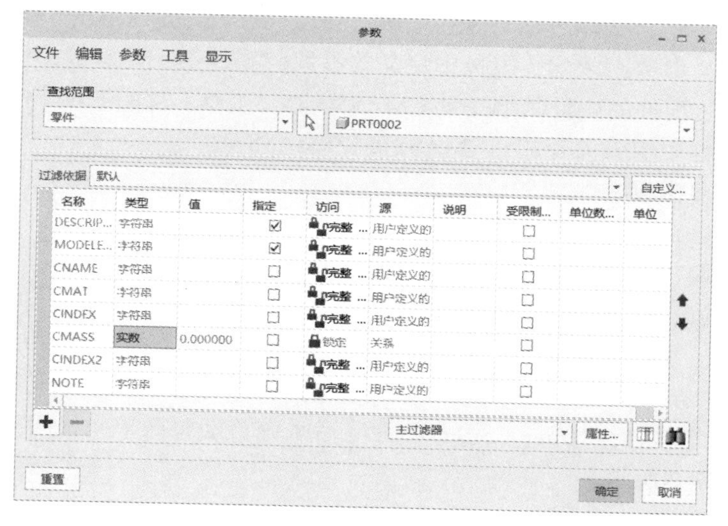

图 3-3-1 “参数”对话框

第三步：定义零件密度。在“文件”下拉菜单中选择“准备”进入“模型属性”，在“模型属性”对话框中选择“材料”区域下面的“质量属性”进行更改，在“基本属性”中将“密度”值设定为“7.8e-6”（在模板中假设零件的密度为“7.8e-6”，在设计某一具体的零件时，密度可重新设置）。

第四步：将零件质量赋给 CMASS。在“工具”功能选项卡中单击“关系”，在“关系”对话框中输入关系式：CMASS=MP_MASS（“”）。

第五步：保存模板文件。

（3）创建装配体的模板。

装配体模板是一个包含标准要素的装配图模型，装配模型的模板包括如下标准要素：

① 三个基准平面，分别为 ASM-FRONT、ASM-TOP、ASM-RIGHT。

② 定义多个视图方向，如 FRONT、BACK、TOP、BOTTOM、LEFT、RIGHT 和 DEFAULT 等。

③ 定义多个参数，如：

❖ CNAME ——装配体名称；

❖ CMASS ——装配体质量；

❖ DRAWINGNO ——图号；

❖ DESIGNER ——设计者；

❖ DRAFTER ——绘图；

❖ AUDITER ——审核；

❖ COMPANY ——设计单位。

请参考以下步骤创建装配体图模板文件。

第一步：新建装配体模板文件。选择“文件”下拉菜单中的“新建”命令，新建“装配”，子类型选择“设计”，在“名称”文本框中输入文件名“ASM_TEMPLATE”，取消使用默认模板。在“新文件选项”对话框中选择“mmns_asm_design”模板。

第二步：定义参数。装配体模板中定义的参数与零件模板的参数一样。

第三步：将装配件的质量赋给变量 CMASS。在“工具”功能选项卡中单击“关系”，在“关系”对话框中输入关系式：CMASS=MP_MASS（“”）。

第四步：保存模板文件。

（4）设定标题栏和明细栏。

调用包含标题栏的格式文件。定义明细表。

① 定义重复区域。在“表”功能选项卡中选择“重复区域”命令，在弹出的“TBL REGIONS（表域）”菜单中选择“Add（添加）”命令，在弹出的“REGION TYPE（区域类型）”菜单中选择“Simple（简单）”命令。选择明细栏中的两个单元格，单击“TBL REGIONS（表域）”中的“Done（完成）”命令后系统自动将两单元格间的区域定义为重复区域，如图 3-3-2 所示。

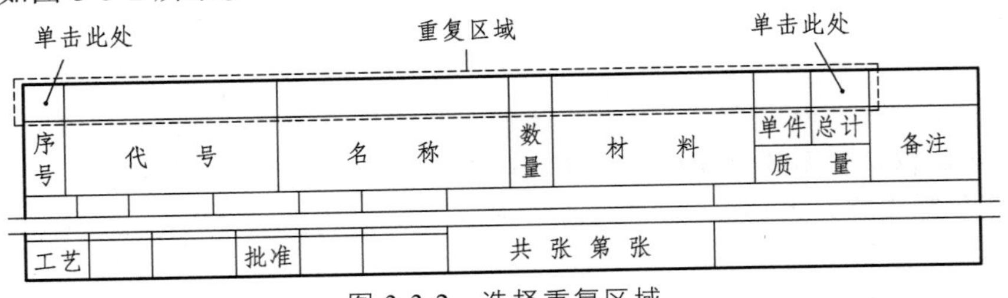

图 3-3-2　选择重复区域

② 输入报表参数。依次双击重复区域中的每一格，在“序号”列中的“报告符号”中依次选取“rpt...”→“index”选项。在代号列中的“报告符号”中依次选择“asm...”→“mbr...”　→“User Defined”选项，在系统提示的“输入符号文本”框中输入装配体

中定义的图号 drawinno。在“名称”列中的“报告符号”中依次选取“asm...” →“mbr...” →“User Defined”选项，在系统提示的“输入符号文本”框中输入装配体中定义的名称 cname。在“数量”栏中输入“rpt.qty”；在“材料”栏中输入“asm.mbr.user defined”；在提示文本框中输入 cmat。

③ 更新表格内容。在“表”功能选项卡中选择“重复区域”命令，在弹出的“TBL REGIONS（表域）”菜单中选择“Update Tabels（更新表）”命令。

（5）编辑 BOM 表。

在 BOM 表中，可通过设置重复区域属性更改明细栏的排列方式。属性的设置可以在定义格式文件的明细栏时预先定义好显示方式，也可以在使用明细表的过程中随时进行修改。双击已经生成的明细表进入“TBL REGIONS（表域）”中更改区域属性“REGION ATTR（区域属性）”。“REGION ATTR（区域属性）”下三种不同属性的特点如表 3-3-1 所示。

表 3-3-1 区域属性

Duplicates（多重记录）	在重复区域中显示装配体中所有零件记录，且每个零件记录都按照特征编号进行排序。如果一个零件在此装配中使用了两次，那么这个零件记录也会在明细栏中显示两次，且每条记录都有自己的编号，但在明细栏中不显示零件数量
No Duplicates（无多重记录）	在重复区域中同一模型只显示一次，按零件代号顺序依次显示。如果在该重复区域中输入了参数&rpt.qty，系统会自动计算出相同零件的总数，并填入表格内
No Dup/Level（无多重/级）	按照装配顺序显示零件模型，且在重复区域中同一模型只显示一次。如果在该重复区域中输入了参数&rpt.qty，系统会自动计算出相同零件的总数，并填入表格内
Recursive（递归）	搜索零件的级，将组件记录也显示在明细栏中，一般与无多重记录组合用

（6）制作对讲机的整机爆炸工程图。

① 视图定向。

打开对讲机的装配图 3D 模型，在“视图”功能选项卡中的“视图管理器”里“定向”设置好视图各个方向，如主视图、俯视图、左视图、轴测图等。

② 新建工程图文件。

“文件”中“新建”类型为“绘图”，在名称文本中输入“对讲机的整机爆炸工程图”，取消使用默认模板，根据装配体尺寸选择已经创建好的工程图模板文件。

③ 创建分解视图。

将对讲机装配体模型导入工程图环境中，在“绘图视图”对话框中的“视图类型”中选择“轴测图”方向，如图 3-3-3 所示。在“视图状态”类别中选择“自定义分解状态”，如图 3-3-4 所示，在弹出的“分解位置”对话框中选定各个元件调整到的合适位置，如图 3-3-5 所示，使装配体的所有零件都能在工程图环境中显示。位置确定后在“菜单管理器”中点击“Done/Return（完成/返回）”，此时才算完成分解。

图 3-3-3 “绘图视图”对话框

图 3-3-4 自定义分解视图

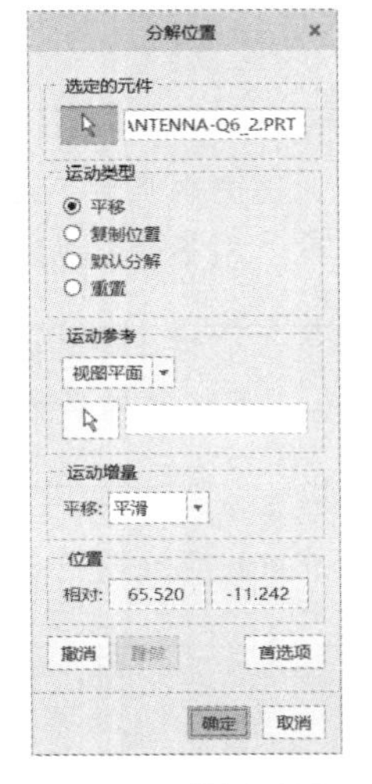

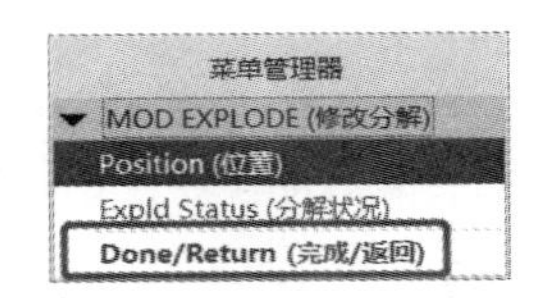

图 3-3-5 分解元件拖动到合适位置

④ 生成明细栏。

定义重复区域，输入报表参数，更新表格内容，编辑 BOM 表，双击已经生成的明细表进入“TBL REGIONS(表域)”中更改区域属性“REGION ATTR(区域属性)”。在“REGION ATTR（区域属性）”选择“No Duplicates（无多重记录）”以及“Recursive（递归）”。

⑤ 创建装配体 BOM 球标。

球标是装配工程图中的圆形注解，在装配视图中显示与材料清单相对应的元件信息。在“表”功能选项卡中选取“创建球标”，选取 BOM 表重复区域，生成装配体所有零件球标，选取球标并右击通过“编辑连接”命令调整球标至合适位置。

（7）创建机加工零件工程图。

① 请根据以下图纸（见图 3-3-6 和图 3-3-7）在零件模板和装配图模板中创建出零件模型及装配图模型，并设置好零件的相应参数，指定工作目录，将所有零件图和装配图保存在同一工作目录下。

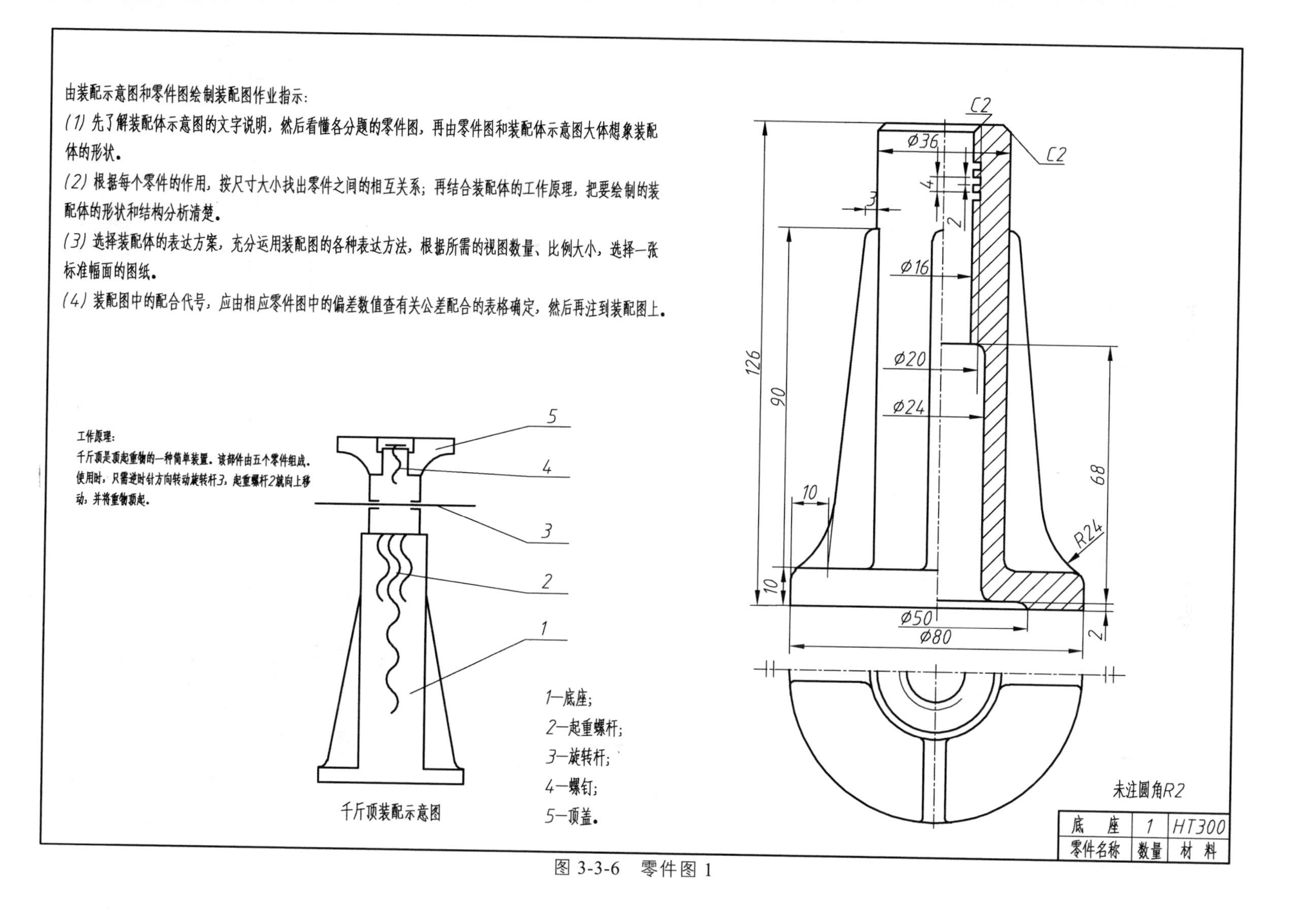
由装配示意图和零件图绘制装配图作业指示:
(1) 先了解装配体示意图的文字说明，然后看懂各分题的零件图，再由零件图和装配体示意图大体想象装配体的形状。
(2) 根据每个零件的作用，按尺寸大小找出零件之间的相互关系；再结合装配体的工作原理，把要绘制的装配体的形状和结构分析清楚。
(3) 选择装配体的表达方案，充分运用装配图的各种表达方法，根据所需的视图数量、比例大小，选择一张标准幅面的图纸。
(4) 装配图中的配合代号，应由相应零件图中的偏差数值查有关公差配合的表格确定，然后再注到装配图上。
工作原理:
千斤顶是顶起重物的一种简单装置。该部件由五个零件组成。使用时，只需逆时针方向转动旋转杆3，起重螺杆2就向上移动，并将重物顶起。
5
4
3
2
1
千斤顶装配示意图
1—底座；
2—起重螺杆；
3—旋转杆；
4—螺钉；
5—顶盖。
C2
C2
Ø36
4
3
2
Ø16
126
90
Ø20
Ø24
68
10
R24
10
Ø50
Ø80
2
未注圆角R2
底座
1
HT300
零件名称
数量
材料

图 3-3-6　零件图 1

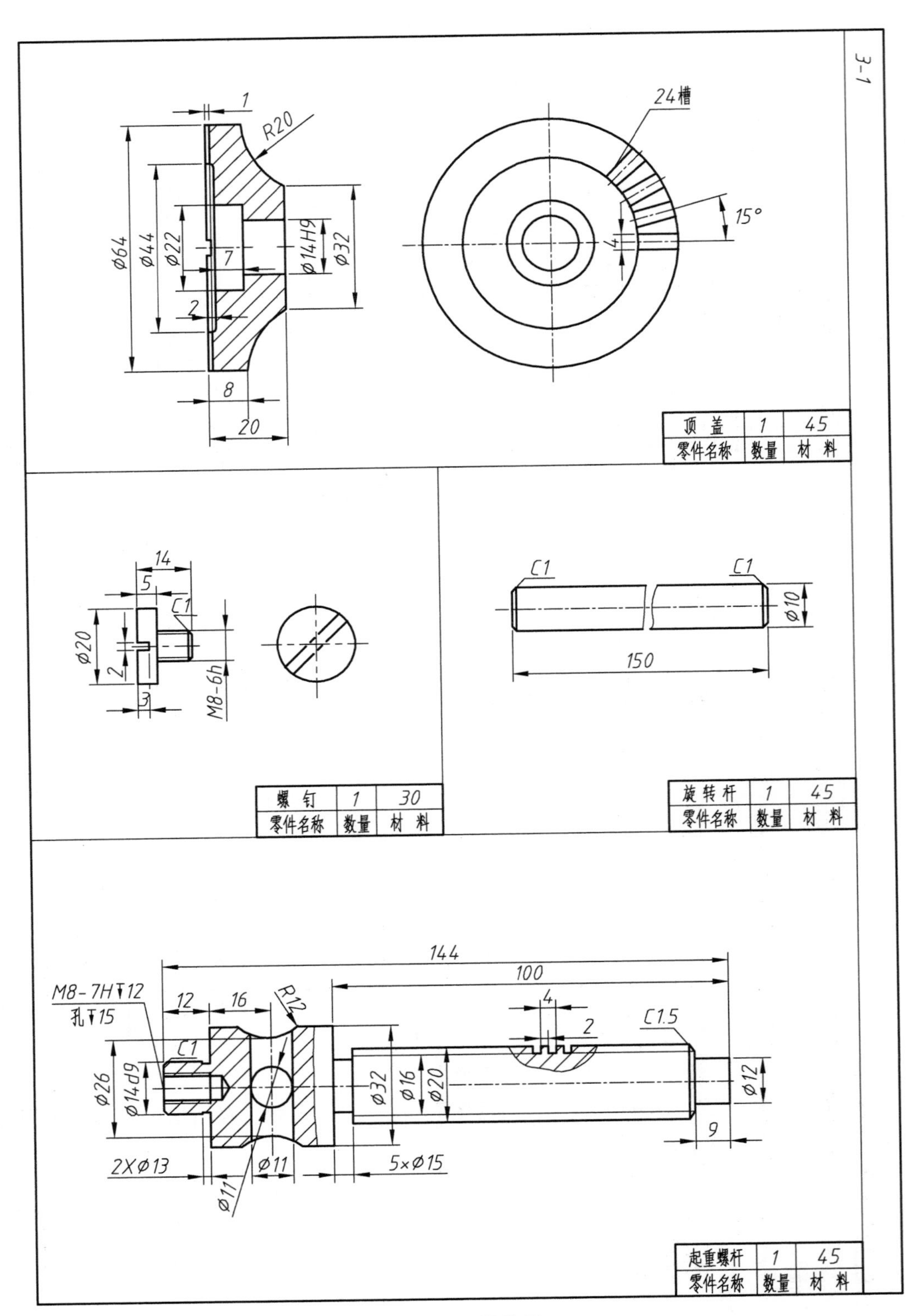
3-1
24槽
R20
15°
Ø64
Ø44
Ø22
Ø14H9
Ø32
8
20
顶 盖 | 1 | 45
零件名称 | 数量 | 材 料
14
5
C1
Ø20
M8-6h
螺 钉 | 1 | 30
零件名称 | 数量 | 材 料
C1
Ø10
150
旋转杆 | 1 | 45
零件名称 | 数量 | 材 料
144
100
M8-7H↧12
孔↧15
12
16
R12
C1.5
Ø26
Ø14d9
Ø32
Ø16
Ø20
Ø12
2XØ13
Ø11
5×Ø15
起重螺杆 | 1 | 45
零件名称 | 数量 | 材 料

图 3-3-7 零件图 2

② 视图定向。

在工程图中，常常需要绘制各种方位的视图（如主视图、俯视图、左视图及轴测图等），而在模型的零件或装配环境中，可以方便地保存模型的方位定向，然后将保存的视图定向应用到工程图中。

按住鼠标中键转动模型至所需方位，在“视图”功能选项卡中单击“重定向”按钮，在“视图”功能选项卡中找到“视图管理器”命令，在“视图管理器”中找到“定向”选项卡，新建各视图名称（如主视图、俯视图、左视图及轴测图等），新建的各个视图名称与模型方位一致。

③ 创建横截面。

在工程图中，经常使用剖视图来表达零件的截面特征，利用横截面来查看剖切的内部形状和结构。剖视图一般分为全剖视图、半剖视图、局部剖视图、旋转剖视图和阶梯剖视图等，表达这些剖视图需要具备相应的剖截面。创建截面一般用两种方法：一是在工程图环境中创建剖视图的同时创建剖截面；二是在建模的同时预先创建好剖截面，以备工程图使用，通常第二种方法使用较多。Creo 中的横截面分两种类型：“平面”横截面和“偏距”横截面，“平面”横截面是用平面对模型进行剖切，“偏距”横截面是用草绘的曲面对模型进行剖切。在“视图”功能选项卡区域中单击“管理视图”找到“视图管理器”命令，在弹出的“视图管理器”对话框中单击“横截面”选项卡即可进入横截面操作界面。

对“底座”零件创建以对称中心面为截面的“平面”横截面。

对“顶盖”零件创建以对称中心面为截面的“平面”横截面。

对“起重螺杆”零件创建以对称中心面为截面的“平面”横截面。

④ 新建工程图。

a. 创建“底座”工程图。

❖ 设置工作目录。选择“文件”下拉菜单中的“管理会话”→“选择工作目录”，将工作目录设置在与底座模型一致的位置。

❖ 新建工程图文件。在“文件”选项卡中单击“新建”，打开“新建”对话框，选择“绘图”类型，取消使用默认模板。在名称文本框中输入“底座”，确定后在“新建绘图”对话框中通过“浏览”选择已经创建好的“底座”三维模型作为默认模型。在“指定模板”下选择“使用模板”，选择之前创建好的“A4-竖.drw”模板文件，方向为“纵向”，大小为“A4”，确定后进入工程图环境中。

❖ 在“布局”选项卡中选择“普通视图”，在“绘图视图”对话框中将模型视图名确定为主视图，如图 3-3-8 所示。

❖ 利用“投影视图”创建出俯视图。

❖ 将主视图转换成半剖视图。双击主视图，在弹出的“绘图视图”对话框中选择“截面”，截面选项为“2D 横截面”，单击“+”号添加之前在模型中已经创建好的横截面，剖切区域选择“半倍”，如图 3-3-9 所示。

❖ 将俯视图转换为半视图。半视图常用于表达具有对称形状的零件模型，使视图简洁明了，创建半视图时需选取一个基准平面作为参照平面（此平面在视图中必须垂直于屏幕），视图中只显示此基准平面指定一侧的视图，另一侧不显示。双击俯视图，在弹出的“视图绘图”对话框中的“类别”区域中选择“可见区域”，在“视图可见性”中选择“半视图”，选择俯视图中垂直于屏幕的对称面作为“半视图参考平面”，调整“保持侧”中的箭头方向选择保留的一侧。

图 3-3-8　创建主视图

图 3-3-9　创建半剖视图

b. 创建“起重螺杆”工程图。

❖ 设置工作目录。选择“文件”下拉菜单中的“管理会话”→“选择工作目录”，将工作目录设置在与起重螺杆模型一致的位置。

❖ 新建工程图文件。工程图文件命名为“起重螺杆工程图”，选择已经创建好的“起重螺杆”三维模型作为默认模型，在“指定模板”下选择“使用模板”，选择之前创建好的“A4-横.drw”模板文件，方向为“横向”，大小为“A4”。

❖ 创建主视图。此零件主视图采用的是局部剖视图，双击主视图，在弹出的“视图绘图”对话框中设置剖视图选项，选取“类别”区域中的“截面”选项，将“截面选项”设置为“2D 截面图”，将“模型边可见性”设置为“总计”，单击“+”按钮在“名称”下拉列表框中选取在模型中创建好的横截面，在“剖切区域”下拉列表中选取“局部”选项，先确定截面的中心点，在投影视图中边线上选取一点，绘制局部剖视图的边界线。

❖ 创建螺纹局部剖视图。双击主视图，在弹出的“绘图视图”对话框中设置剖视图选项，创建方法与上述步骤一致。

c. 创建“旋转杆”工程图。

❖ 设置工作目录。选择“文件”下拉菜单中的“管理会话”→“选择工作目录”，将工作目录设置在与旋转杆模型一致的位置。

❖ 新建工程图文件。工程图文件命名为“旋转杆工程图”，选择已经创建好的“旋转杆”三维模型作为默认模型，在“指定模板”下选择“使用模板”，选择之前创建好的“A4-横.drw”模板文件，方向为“横向”，大小为“A4”。

❖ 创建主视图。此零件主视图采用的是破断视图，在机械制图中，经常遇到一些细长形的零件，若要反映整个零件的尺寸形状，需用大幅面的图纸来绘制，为了节省图纸幅面，同时又可以反映零件形状尺寸，在实际绘图中常采用破断视图，标注尺寸时标注零件的实际尺寸。破断视图指的是从零件视图中删除选定两点之间的视图部分，将余下的两部分合并成一个带破断线的视图。创建破断视图之前，应当在当前视图上绘制破断线。双击主视图，在弹出的“视图绘图”对话框中选取“类别”区域中的“可见区域”选项，将“视图可见性”设置为“破断视图”，单击添加断点按钮“+”在视图轮廓线选取一点绘制一条垂直线作为第一条破断线，在合适的位置再选取一点生成第二条破断线，在“破断线造型”栏中选取“视图轮廓上的 S 曲线”，完成破断视图的创建。

d. 创建“顶盖”工程图。

❖ 设置工作目录。选择“文件”下拉菜单中的“管理会话”→“选择工作目录”，将工作目录设置在与顶盖模型一致的位置。

❖ 新建工程图文件。在“文件”选项卡中单击“新建”，打开“新建”对话框，选择“绘图”类型，取消使用默认模板。在名称文本框中输入“顶盖工程图”，确定后在“新建绘图”对话框中通过“浏览”选择已经创建好的“顶盖”三维模型作为默认模型。在“指定模板”下选择“使用模板”，选择之前创建好的“A4-横.drw”模板文件，方向为“横向”，大小为“A4”，确定后进入工程图环境中。

❖ 在“布局”选项卡中选择“普通视图”，在“绘图视图”对话框中将模型视图确定为主视图。

❖ 利用“投影视图”创建出左视图。

❖ 将主视图转换成全剖视图。双击主视图，在弹出的“绘图视图”对话框中选择“截面”，截面选项为“2D 横截面”，单击“+”号添加之前在模型中已经创建好的横截面，剖切区域选择“完整”。

e. 创建“螺钉”工程图。

操作步骤同上，做出主视图和左视图即可。

f. 创建“千斤顶”装配工程图。

在创建装配体工程图时，一些主要视图的创建方法与创建普通零件的工程图视图相似。按照国家制图标准，一些零件在创建剖面时是不允许被剖切的，不剖切的零部件包括以下几种：轴和筋（肋）特征、标准件（如螺栓、螺钉、键、销和轴承的滚珠等）。

❖ 设置工作目录。将工作目录设置在与装配体模型一致的位置。

❖ 新建工程图。新建一个名为“asm_千斤顶.drw”的工程图文件，选取千斤顶装配体模型为绘图模型，选取已经创建好的“A2-竖.drw”模板文件，方向为“纵向”，幅面尺寸为 A2，进入工程图模块。

❖ 插入主视图。

第一步：在“布局”功能选项卡区域中单击“普通视图”，在弹出的“选择组合状态”对话框中选择“无组合状态”选项，单击“确定”按钮，在系统“选择绘图视图的中心点”的提示下，在屏幕图形区中选取一点，此时绘图区出现默认的装配体斜轴测图，并弹出“绘图视图”对话框。

第二步：定义视图类型。在对话框的“视图方向”区域中，在“模型视图名”下拉列表中选取“主视图”选项（此主视图在装配体模型环境中已设定好主视图方向），单击“应用”按钮，系统则按“主视图”的方位摆放主视图。

第三步：定义视图比例。选择“类别”区域中的“比例”选项，在“比例和透视图选项”区域中选中“自定义比例”单选项，在其后的文本框中输入比例值“0.5”，单击“应用”按钮。

第四步：定义截面类型。在“类别”区域中选择“截面”选项，在“截面选项”区域中选择“2D 横截面”，在“模型边可见性”中选择“总计”选项，单击“+”按钮，在“名称”下拉列表中选取剖截面（此剖截面在装配体环境中已提前创建），在“剖切区域”下拉列表框中选取“完全”选项，单击“应用”按钮。

第五步：定义视图显示。在“类别”区域中选择“视图显示”选项，在“显示样式”后的下拉列表中选择“消隐”选型，在“相切边显示样式”后的下拉列表中选择“无”，其他参数采用系统默认设置值，单击“应用”按钮。

第六步：修改剖面线。双击视图中的任一剖面线，系统弹出“菜单管理器”，选取“起重螺杆”“螺钉”“旋转杆”等零件的剖面线，在“菜单管理器”中选择“Erase（拭除）”命令，即不显示所选零件的剖面线。双击各零件的剖面线，通过设置“Spaceing（间距）”和“Angle（角度）”等调整各零件的剖面线，使不同零件的剖面线不一致，相同零件在同一视图中的剖面线一致。另外，底座零件中含有“加强筋”，按照国家制图标准，筋（肋）特征是不允许剖切的。

❖ 创建俯视图。

选中主视图，通过“投影视图”命令，在图形区主视图的下部任意选取一点，系统自动创建俯视图。

❖ 创建明细栏。

定义重复区域，输入参数，更新表格。

❖ 添加球标。

g. 将所有零件的零件工程图和装配工程图另存为 dwg 格式，将 dwg 格式的工程图导入 AutoCAD 环境中，在 AutoCAD 环境中对零件工程图和装配工程图标注尺寸并填写技术要求。

（8）创建钣金件工程图。

钣金件一般是指具有均一厚度的金属薄板零件，其特点是质量轻、结构强度好、可做成各种复杂的形状等，在机电设备、电子产品及航空航天领域中得到广泛的应用。钣金件工程图的创建方法与一般零件基本相同，所不同的是钣金件工程图需要创建展开视图。

① 创建钣金三维模型。

设置工作目录，根据图 3-3-10 创建出钣金的三维模型，对零件模型各个方位进行重定向，在“视图管理器”中新建对应的视图方向。

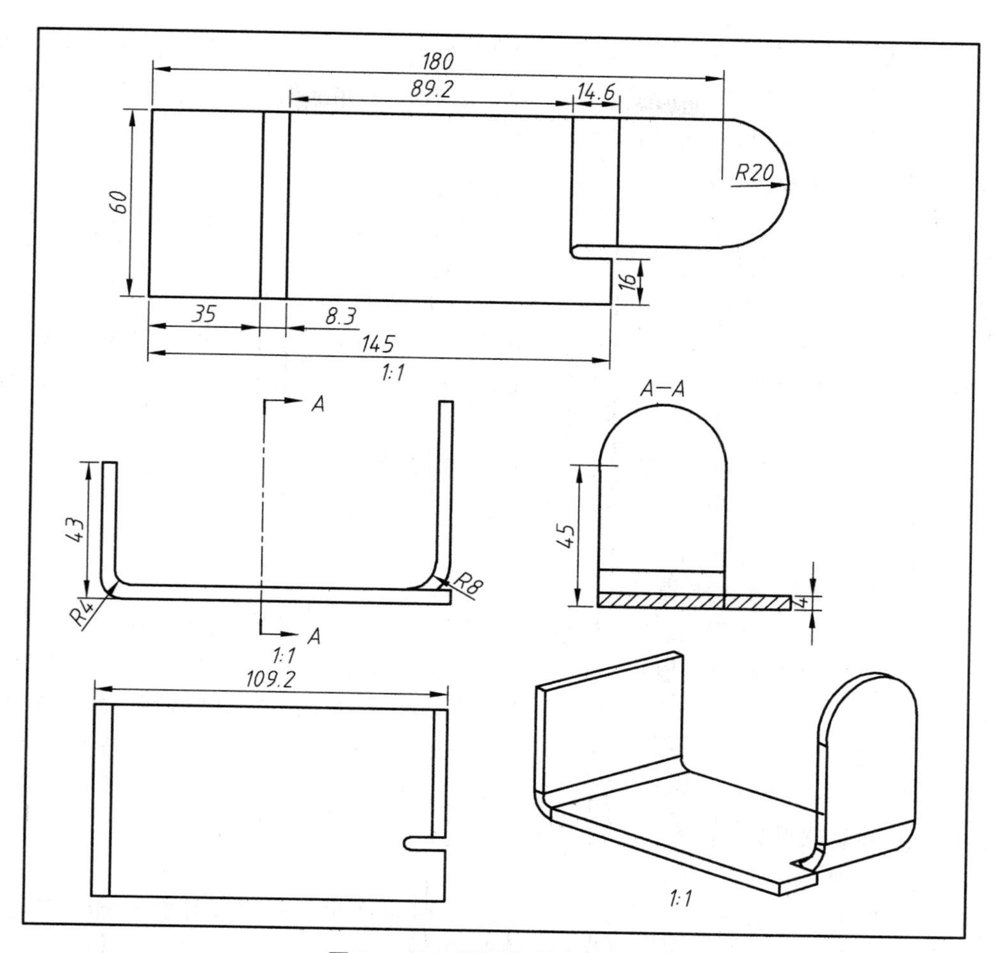

图 3-3-10　某钣金零件工程图

② 创建钣金的平整状态。

在“模型”功能选项卡“折弯”区域中选择“平整形态”按钮，在系统提示下选取模型中间表面为固定面，完成平整状态的创建。

③ 创建简化表示。

在“视图”功能选项卡“模型显示”区域中选择“管理视图”按钮，在弹出的“视图管理器”对话框中选择“简化表示”。单击“新建”按钮，接收系统默认的名称并按回车键，在“EDIT METHOD（编辑方法）”菜单中选择“Features（特征）”命令，进入“FEAT INC/EXC（增加/删除特征）”菜单，选择“Exclude（排除）”命令，选取步骤②中创建的平整状态“平整阵列 1”为排除项，单击“Done（完成）”→“Done/Return（完成/返回）”命令，关闭“视图管理器”对话框。

④ 创建钣金工程图。

a. 新建工程图文件。

单击“新建”按钮，在弹出的“新建”对话框中选择“类型”区域中的“绘图”选项，在“名称”文本框后输入文件名“钣金件”，选取已经创建好的“A2-横.drw”模板文件，图纸方向为“横向”，图纸大小为“A2”，在系统弹出的“打开表示”对话框中选择“主表示”选项，然后单击“确定”按钮。

b. 创建展开视图。

插入普通视图，双击视图，在弹出的“视图视图”对话框中设置视图方向、比例、视图显示等，完成展开图的创建。

c. 添加三维钣金件模型（该模型中不含展平特征）。

在“布局”功能选项卡“模型视图”区域中单击“绘图模型”，在弹出的“DWG MODELS（绘图模型）”菜单中选择“Set/Add Rep(设置/增加表示)”→“Rep0001”，单击“Done/Return（完成/返回）”命令。

d. 创建出钣金件未展开状态下的主视图、左视图、俯视图及轴测图。

e. 进行尺寸标注。

f. 保存工程图文件。

g. 将工程图转化为 PDF 格式。

将工程图转化为 PDF 格式文件以便于浏览，选择下拉菜单“文件”→“另存为”→“导出”命令，在系统弹出的操控板中选择“设置”命令，弹出“PDF 导出设置”对话框，在对话框中打开“内容”选项卡，在“字体”区域中选择“勾画所有字体”单选项，其他参数均采用系统默认设置值。单击“确定”按钮，然后单击“导出”按钮，系统弹出“保存副本”对话框，选择保存位置，然后单击该对话框中的“确定”按钮，系统自动打开 PDF 阅读软件。

⑤ 打印图纸。

将工程图另存为 dwg 格式后可利用 AutoCAD 软件对工程图进行更多编辑，编辑完成后可将工程图输出为 PDF 格式或者连接打印机后打印成图纸。具体操作如下：

a. 在“文件”菜单中选择“打印”或者使用键盘上的“Ctrl+P”组合键进入打印界面。

b. 根据图 3-3-11 对 AutoCAD 文件设置打印界面。

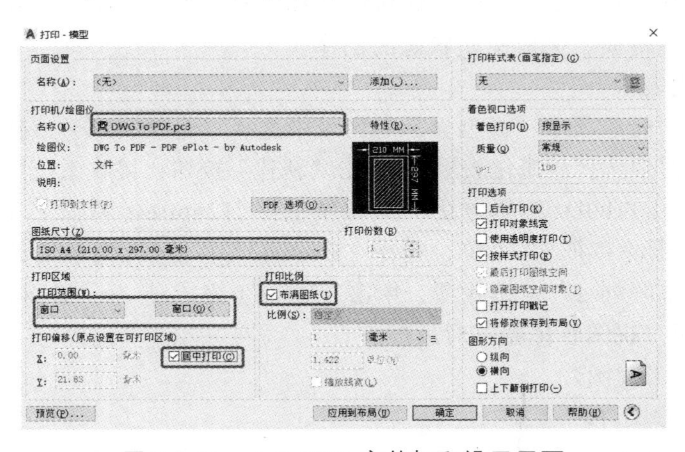

图 3-3-11　AutoCAD 文件打印设置界面

c. 进入“特性”中设置打印区域尺寸，如图 3-3-12 所示。

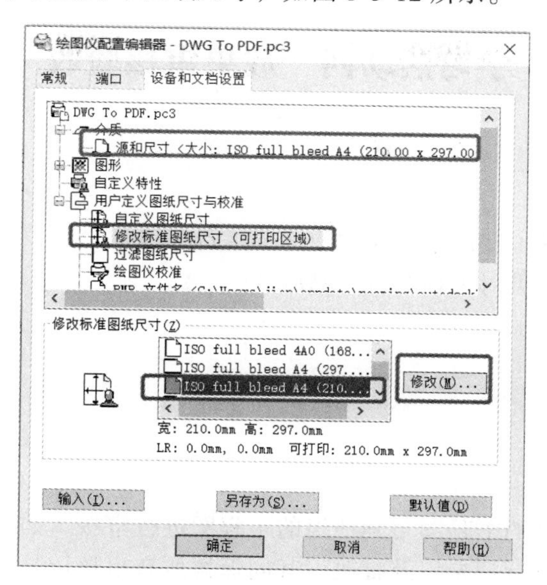

图 3-3-12　设置打印区域尺寸

d. 选择图纸边框线将其修改成打印图层“Defpoints”。

（9）请根据以下活动评价表（见表 3-3-2）对本次活动进行评价。

表 3-3-2　活动评价

任务环节	评分标准		所占分数	自我评价（20%）	组长评价（30%）	教师评价（50%）	得分
学习活动三：绘制工程图	职业素养	1.为完成本次活动是否做好课前准备（充分 5 分，一般 3 分，没有 0 分）。 2.本次活动完成情况（好 10 分，一般 6 分，不好 0 分）。 3.工作页是否填写认真工整（是 5 分，不工整 2 分，未填写 0 分）。	20				
	知识技能点	1. 能够创建零件模板文件（能 10 分，一般 5 分，不能 0 分）。 2. 能够创建装配图模板文件(能 10 分，一般 5 分，不能 0 分）。 3. 能够制作装配体整机爆炸工程图（能 20 分，一般 10 分，不能 0 分）。 4. 能够创建机加工零件工程图（能 20 分，一般 10 分，不能 0 分）。 5. 能够创建钣金件的工程图(能 20 分，一般 10 分，不能 0 分）	80				
总　　分							

学习活动四　成果审核验收

【学习目标】

（1）能正确指出各工程图中存在的问题并进行标注。

（2）能根据教师意见对工程图进行修改。

【建议学时】

1学时。

【学习活动】

（1）各组将编制好的工程图与其他组的工程图进行审核，如有不符项、不同项，各组应该对其评审的组进行记录以及批改，其间保留所有审核记录。

（2）根据教师意见对工程图进行修改。

学习活动五　总结评价

【学习目标】

（1）能够总结在编制工程图中遇到的问题以及解决方法。
（2）能够对本次任务中的表现进行客观评价。

【建议学时】

1学时。

【学习活动】

一、工作总结

（1）以小组为单位，撰写工作总结，并选用适当的表现方式向全班展示、汇报学习成果。

（2）评价：工作总结评分表（见表3-5-1）。

表3-5-1　工作总结评价表

评价指标	评价标准	分值（分）	评价方式及得分		
			个人评价（10%）	小组评价（20%）	老师评价（70%）
参与度	小组成员能积极参与总结活动	5			
团队合作	小组成员分工明确、合理，遇到问题不推诿责任，协作性好	15			
规范性	总结格式符合规范	10			
总结内容	内容真实，针对存在的问题有反思和改进措施	15			
总结质量	对完成学习任务的情况有一定的分析和概括能力	15			
	结构严谨、层次分明、条理清晰、语言顺畅、表达准确	15			
	总结表达形式多样	5			
汇报表现	能简明扼要地阐述总结的主要内容，能准确流利地表达	20			
学生姓名		小计			
评价教师		总分			

二、学习任务综合评价

学习任务综合评价如表 3-5-2 所示。

表 3-5-2　综合评价表

<table>
<tr><td colspan="2">评价内容</td><td colspan="2">得分</td></tr>
<tr><td colspan="2">学习活动一：明确任务，获取工程图相关信息</td><td colspan="2"></td></tr>
<tr><td colspan="2">学习活动二：创建工程图模板文件</td><td colspan="2"></td></tr>
<tr><td colspan="2">学习活动三：绘制工程图</td><td colspan="2"></td></tr>
<tr><td colspan="2">学习活动四：成果审核验收</td><td colspan="2"></td></tr>
<tr><td colspan="2">学习活动四：总结评价</td><td colspan="2"></td></tr>
<tr><td colspan="2">小计</td><td colspan="2"></td></tr>
<tr><td>学生姓名</td><td></td><td>综合评价得分</td><td></td></tr>
<tr><td>评价教师</td><td></td><td>评价日期</td><td></td></tr>
</table>

学习任务四 作业指导书编制

任务书

<table>
<tr><td colspan="2">单号：　　　　　　开单部门：　　　　　　开单人：
开单时间：　年　月　日　时　分
接单部门：工程部结构设计组</td></tr>
<tr><td>任务概述</td><td>某企业研发部的对讲机设计开发已完成，产品样机已通过，模具已全部通过验证，准备进行小批量试产。在小批量试产前需要编制作业指导书，以便指导装配生产中的工位排序、物料及工具准备、工位操作规范及要求、组装方法、包装、检验等。该项工作在产品装配生产中有着非常重要的指导意义，需要极大的细心与耐心，且必须通过授权人员审核后方可通过。该企业技术人员咨询我校专业教师，在校生能否帮助他们完成此项烦琐但非常重要的工作。教师团队认为我校学生在教师的指导下，通过拆装样机学习相关内容后可以胜任此项任务。企业给我们提供了对讲机的样机、对讲机的物料清单、产品装配爆炸图、整机工艺要求以及企业内部作业指导书文件模板等资料，要求我们在一周内完成作业指导书的编制工作，编制人员署名为同学的实际姓名，由我院专业教师审核签字确认成果达标。企业技术人员将对该成果进行验收，验收合格的作业指导书将进入该企业岗位作业指导书数据库，学校将把验收合格的成果在系或学院做展示</td></tr>
<tr><td>提供的资料</td><td>对讲机的3D图纸、工程图纸、企业内部模具清单的模板文件</td></tr>
<tr><td>任务完成时间</td><td></td></tr>
<tr><td>接单人</td><td>（签名）　　　　　　年　月　日</td></tr>
</table>

【学习目标】

（1）能够叙述作业指导书的作用及意义。
（2）能够识记作业指导书各要素的含义。
（3）能够编制作业指导书的模板文件。
（4）能够熟练使用Word软件制作作业指导书的封面以及插入新页面。
（5）能够熟练绘制作业流程图。
（6）能够记录产品拆解步骤以及各零件之间的装配关系。
（7）能够对产品组装各工位排序。
（8）能够正确组装产品。
（9）能够编写工序（步）内容要求及注意事项。

（10）能够对编制出的作业指导书进行自我检查以及修订，具备保密意识，不外传技术文件。

【基准学时】

20学时。

学习活动一　明确任务，获取作业指导书相关信息

【学习目标】

（1）能够叙述作业指导书的作用及意义。
（2）能够识记作业指导书各要素的含义。

【建议学时】

4学时。

【学习活动】

（1）阅读任务书。

独立阅读工作页中的任务书，明确完成任务的关键内容，在任务书中画出关键词，对整个任务书理解无误后在任务书中签字。

（2）查阅资料，请在卡纸上写出作业指导书的定义以及作业指导书各组成要素的含义。要求一个要素写一张，并将作业指导书的含义以及各要素写在下面空白处。

（3）请根据图4-1-1所示的某企业作业指导书的内容将AutoCAD中的图形插入Word中，参考步骤如下：

广州××科技有限公司

作业指导书

产品编号	L200	产品名称	L200 大堂机	工序名称	15 寸屏组件	编制部门	技术部	收文部门	生产部

螺钉（镀镍）M3×10 4PCS 三

A

螺钉（镀镍）M3×10 4PCS 五 ⑦

铜柱（黄铜）M3×18 4PCS ⑧

⑨ ⑥ A 向视图

螺钉（镀镍）M3×10 2PCS 铜柱 M3×18 4PCS 四

沉头螺钉 M4×10 4PCS 六 ⑩ ⑤ ② ①

二 ③ ④ 螺钉（镀镍）M3×5 8PCS 一 ⑪ 4PCS

工序操作内容：

一取：15 寸屏盖板置于工作台面上，取 4 个液晶屏垫片放至盖板四角对应位置，再用 8 颗 M3×5 介螺钉紧固好；
二取：15 寸液晶屏放入盖板框内，使两侧螺也对准；
三取：4 颗 M3×10 带介螺钉锁紧；
四取：触摸屏控制板/AD 板/高压板锁在盖板的对应螺柱上（注：AD 板/高压板用铜柱紧固）；
五取：屏蔽盖板/4 颗 M3×10 带介螺钉与 4 个铜柱螺孔对齐锁紧；
六取：步骤五完成的组件/15 寸屏框架/15 寸防尘屏，再取 4 颗 M4×10 沉头螺钉锁紧 15 寸防尘屏，完成

工序质量要求：

要求物料无不良品，安装后间隙配合适当，无倾斜、凹凸不平整，间隙误差不能大于 0.5 mm；金属物体不能碰伤液晶屏和触摸屏，螺丝无滑牙、松动现象

工序注意事项：

注意：物料摆放及装配位置，表面无刮花、刮痕、裂痕、丝印不清晰、变色、污迹、批峰、气爆、断印、漏印、移印、变形、起泡、油斑、修边不良等现象，按图号说明所示装配

	序号	物料名称	规格型号	数量	备注	序号	物料名称	规格型号	数量	备注	工艺装备工具	签名编制	签名审核	确认	标准工时（台/时）
使用物料	1	15 寸屏框架	见图纸	1	喷粉	7	屏蔽盖板		1	电镀	十字螺丝刀				
	2	15 寸防尘屏	SL151G4 PEM/	1		8	铜柱	见图纸	4	黄铜	辅助材料：				
	3	15 寸液晶屏	M150XN07 AU	1		9	AD 板	屏自带	1					√	时 分 秒
	4	15 寸屏盖板	见图纸	1	电镀	10	高压板	屏自带	1						
	5	触摸屏控制板	屏自带	1		11	液晶屏垫片	见图纸	4	电镀					

图 4-1-1　某企业产品作业指导书

① 选中需要插入 Word 中的图形，使用“Ctrl+c”进行复制或者单击鼠标右键选择“剪贴板→复制”，如图 4-1-2 所示。

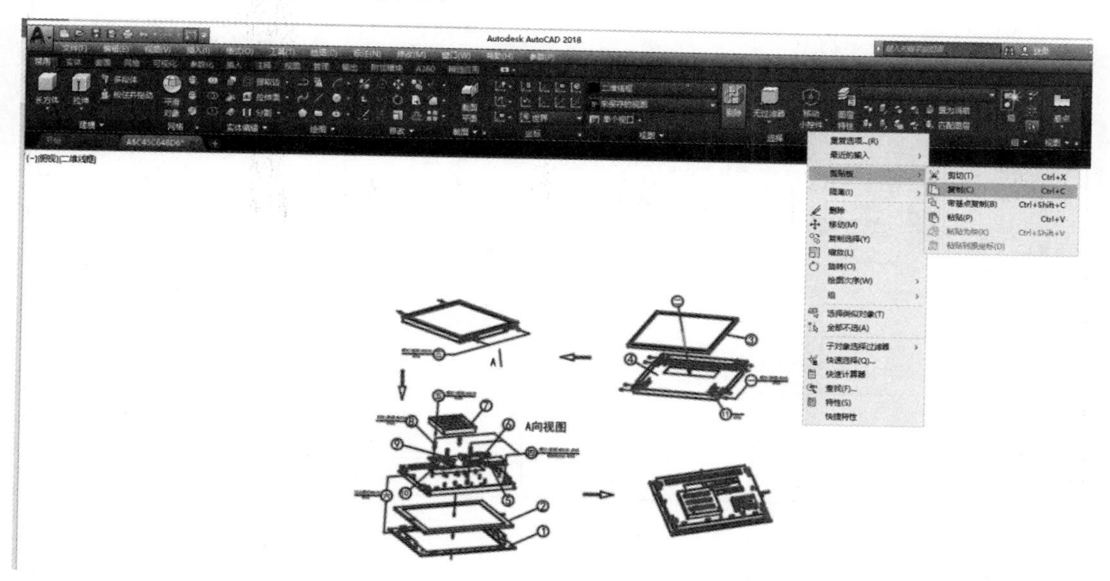

图 4-1-2　复制图形

② 在 Word 空白处单击鼠标右键选择“选择性粘贴”，选择“Auto CAD Drawing 对象”，点击确定即可，如图 4-1-3 所示。

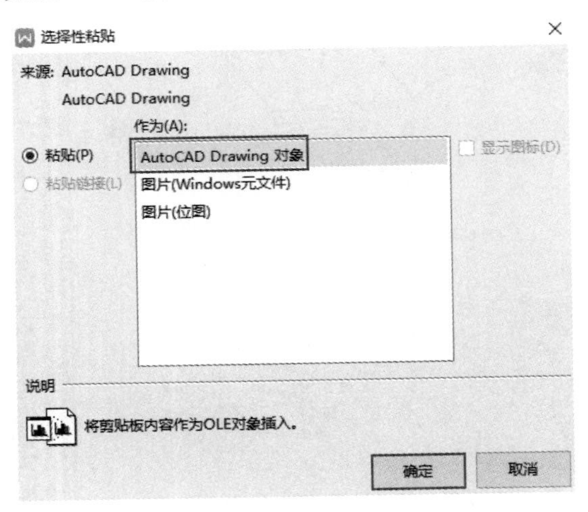

图 4-1-3　粘贴图形

③ 裁剪插入的图形，调整图形大小至合适位置。

（4）使用办公软件 Word 创建如图 4-1-4 所示的某企业作业指导书中的页眉。

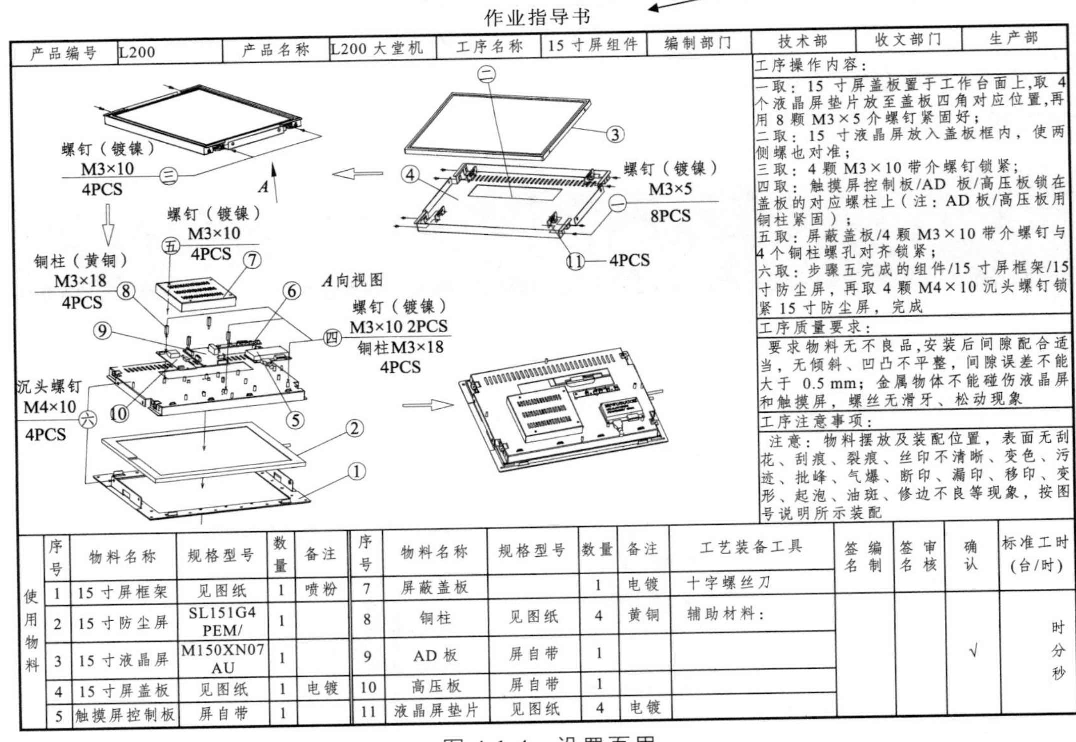

广州××科技有限公司

作业指导书

页眉

产品编号	L200	产品名称	L200 大堂机	工序名称	15 寸屏组件	编制部门	技术部	收文部门	生产部

工序操作内容：

一取：15 寸屏盖板置于工作台面上,取 4 个液晶屏垫片放至盖板四角对应位置,再用 8 颗 M3×5 介螺钉紧固好；
二取：15 寸液晶屏放入盖板框内，使两侧螺也对准；
三取：4 颗 M3×10 带介螺钉锁紧；
四取：触摸屏控制板/AD 板/高压板锁在盖板的对应螺柱上（注：AD 板/高压板用铜柱紧固）；
五取：屏蔽盖板/4 颗 M3×10 带介螺钉与 4 个铜柱螺孔对齐锁紧；
六取：步骤五完成的组件/15 寸屏框架/15 寸防尘屏，再取 4 颗 M4×10 沉头螺钉锁紧 15 寸防尘屏，完成

工序质量要求：

要求物料无不良品,安装后间隙配合适当，无倾斜、凹凸不平整，间隙误差不能大于 0.5 mm；金属物体不能碰伤液晶屏和触摸屏，螺丝无滑牙、松动现象

工序注意事项：

注意：物料摆放及装配位置，表面无刮花、刮痕、裂痕、丝印不清晰、变色、污迹、批峰、气爆、断印、漏印、移印、变形、起泡、油斑、修边不良等现象，按图号说明所示装配

使用物料	序号	物料名称	规格型号	数量	备注	序号	物料名称	规格型号	数量	备注	工艺装备工具	编制签名	审核签名	确认	标准工时（台/时）
	1	15 寸屏框架	见图纸	1	喷粉	7	屏蔽盖板		1	电镀	十字螺丝刀				
	2	15 寸防尘屏	SL151G4 PEM/	1		8	铜柱	见图纸	4	黄铜	辅助材料：			√	时 分 秒
	3	15 寸液晶屏	M150XN07 AU	1		9	AD 板	屏自带	1						
	4	15 寸屏盖板	见图纸	1	电镀	10	高压板	屏自带	1						
	5	触摸屏控制板	屏自带	1		11	液晶屏垫片	见图纸	4	电镀					

图 4-1-4　设置页眉

（5）使用办公软件 Word 完善如图 4-1-1 所示的某企业作业指导书中的其他内容。

（6）请根据以下活动评价表（见表 4-1-1）对本次活动进行评价。

表 4-1-1　活动评价表

任务环节	评分标准		所占分数	自我评价（20%）	组长评价（30%）	教师评价（50%）	得分
学习活动一：明确任务，获取作业指导书相关信息	职业素养	1.为完成本次活动是否做好课前准备（充分 5 分，一般 3 分，没有 0 分）。 2.本次活动完成情况（好 10 分，一般 6 分，不好 0 分）。 3.工作页是否填写认真工整(是 5 分，不工整 2 分，未填写 0 分）	20				
	知识技能点	1.能够叙述作业指导书的作用及意义（能 10 分，一般 5 分，不能 0 分）。 2.能够明确作业指导书各要素的含义（能 10 分，一般 5 分，不能 0 分）。 3.语言简练，表述清晰（能 10 分，一般 5 分，不能 0 分）。 4.能够将 AutoCAD 中的图形插入 Word 中（能 30 分，一般 10 分，不能 0 分）。 5.能够创建作业指导书的页眉、页脚（能 10 分，一般 5 分，不能 0 分）	80				
总分							

学习活动二　创建作业指导书文件

【学习目标】

（1）能够看得懂企业已有作业指导书文件，分析企业作业指导书中的内容。
（2）能够编制作业指导书的模板文件。

【建议学时】

6 学时。

【学习活动】

（1）查看某企业产品的作业指导书（见图 4-2-1），对作业指导书中的每页内容进行分析。

工　艺　文　件

第　1 册
共 40 页
共　1 册

本册内容　整机装配作业指导书
产品型号　GDS688-VI-GD
产品名称　一体化彩票投注机
文件编号　SH-ED-E-237
文件版本　A

批准：
年　　月　　日

旧底图总号	
底图总号	
日期	签名

（a）

版本变更明细	产品名称	一体化彩票投注机	文件编号	SH-ED-E-237
	型号	GDS688-VI-GD	版本号	A

版本号	变更内容	备注
A	首发	

底图总号								
底图总号								
					拟制			GDS688-VI-GD 整机装配作业指导书
日期	签名				审核			
					标准化			
		更改标记	数量	更改单号	签名	日期	批准	第 1 页 共 1 页

（b）

工艺文件明细表			产品名称	一体化彩票投注机	文件编号	SH-ED-E-237
			型号	GDS688-VI-GD	版本号	A
序号	文件编号	零部件名称	文件代号	文件名称	页数	备注
1	SH-ED-E-237	GDS688-VI – GD		工艺流程图	1	
2	SH-ED-E-237	GDS688-VI-GD		整机装配作业指导书	36	

								GDS688-VI-GD 整机装配作业指导书
						拟制		
日期	签名					审核		
						标准化		
		更改标记	数量	更改单号	签名	日期	批准	第 1 页　共 1 页

（c）

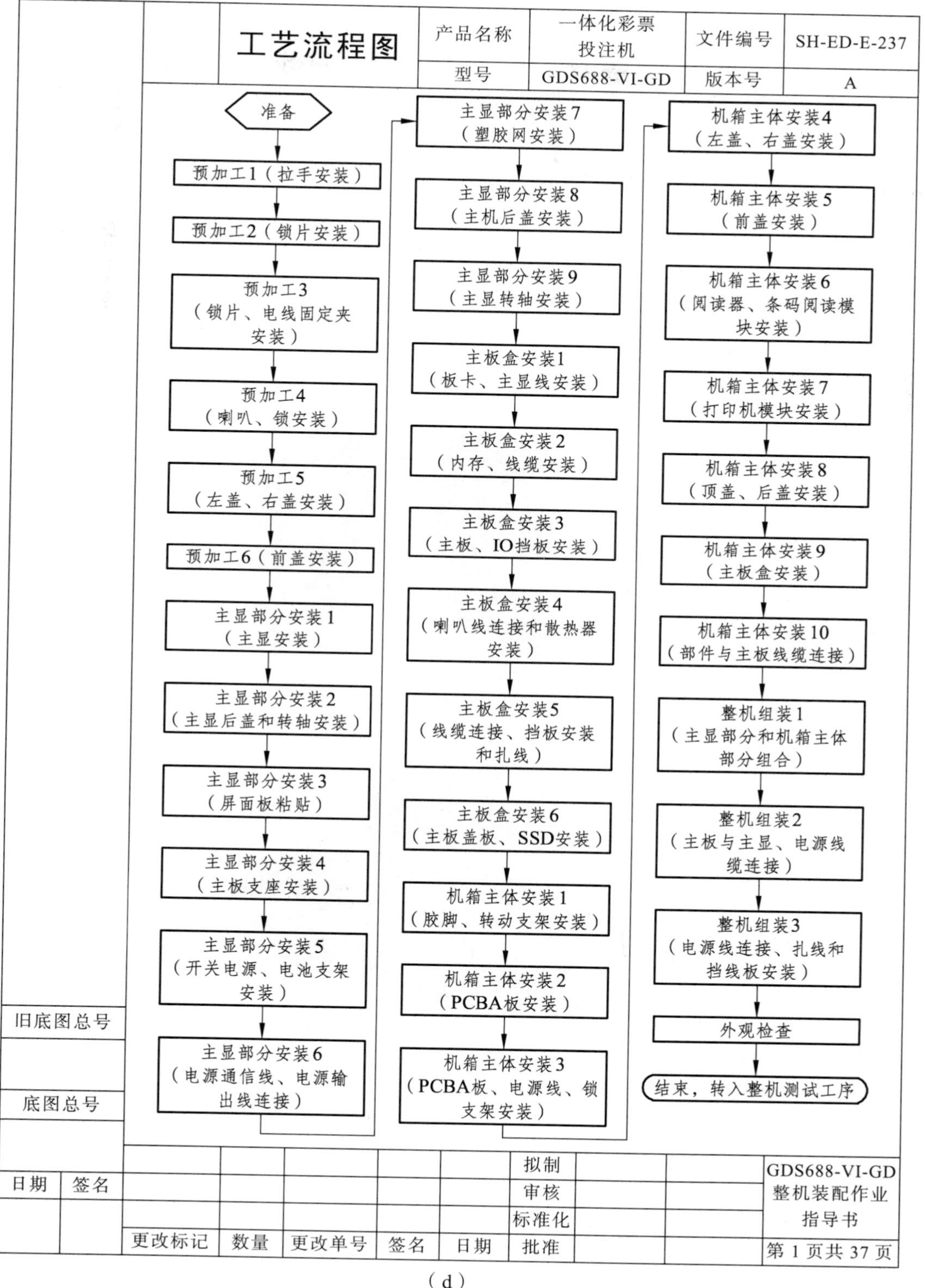
工艺流程图
产品名称
一体化彩票投注机
文件编号
SH-ED-E-237
型号
GDS688-VI-GD
版本号
A
准备
预加工1（拉手安装）
预加工2（锁片安装）
预加工3（锁片、电线固定夹安装）
预加工4（喇叭、锁安装）
预加工5（左盖、右盖安装）
预加工6（前盖安装）
主显部分安装1（主显安装）
主显部分安装2（主显后盖和转轴安装）
主显部分安装3（屏面板粘贴）
主显部分安装4（主板支座安装）
主显部分安装5（开关电源、电池支架安装）
主显部分安装6（电源通信线、电源输出线连接）
主显部分安装7（塑胶网安装）
主显部分安装8（主机后盖安装）
主显部分安装9（主显转轴安装）
主板盒安装1（板卡、主显线安装）
主板盒安装2（内存、线缆安装）
主板盒安装3（主板、IO挡板安装）
主板盒安装4（喇叭线连接和散热器安装）
主板盒安装5（线缆连接、挡板安装和扎线）
主板盒安装6（主板盖板、SSD安装）
机箱主体安装1（胶脚、转动支架安装）
机箱主体安装2（PCBA板安装）
机箱主体安装3（PCBA板、电源线、锁支架安装）
机箱主体安装4（左盖、右盖安装）
机箱主体安装5（前盖安装）
机箱主体安装6（阅读器、条码阅读模块安装）
机箱主体安装7（打印机模块安装）
机箱主体安装8（顶盖、后盖安装）
机箱主体安装9（主板盒安装）
机箱主体安装10（部件与主板线缆连接）
整机组装1（主显部分和机箱主体部分组合）
整机组装2（主板与主显、电源线缆连接）
整机组装3（电源线连接、扎线和挡线板安装）
外观检查
结束，转入整机测试工序
旧底图总号
底图总号
日期
签名
更改标记
数量
更改单号
签名
日期
拟制
审核
标准化
批准
GDS688-VI-GD
整机装配作业指导书
第 1 页共 37 页

（d）

	作业指导书	产品名称	一体化彩票投注机	文件编号	SH-ED-E-237
		型号	GDS688-VI-GD	版本号	A

新装入件及辅助材料			工作地	工序号	工种	工序(步)内容及要求	设备及工装	定额工时(秒)
序号	代号、名称、规格	数量				预加工 1 （拉手安装）		
1	拉手左	1	组装线	1	组装	1. 拉手与扭簧安装，如图 1； 2. 拉手、垫片、扭簧与转动支架安装，如图 2。 注意：检查拉手是否与支架面贴平，弹簧是否有回弹力。		
2	拉手右	1						
3	左旋开扭簧	1						
4	右旋开扭簧	1						
5	转锁垫片	4						
6	转动支架－002	1						

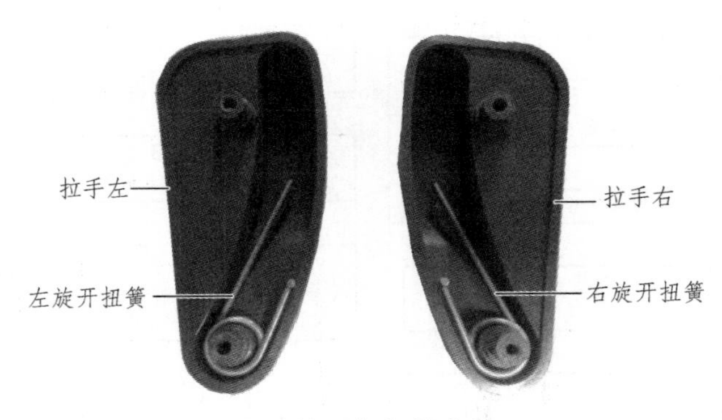

图 1 拉手与扭簧安装

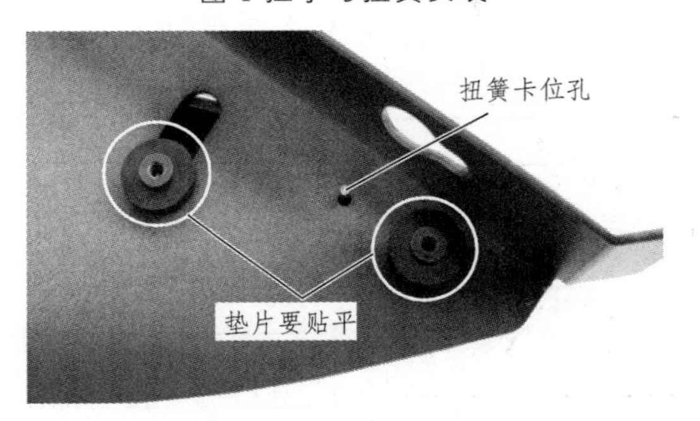

图 2　拉手、垫片、扭簧与转动支架安装

旧底图总号	
底图总号	
日期	签名

					拟制			GDS688-VI-GD 整机装配 作业指导书
					审核			
					标准化			
更改标记	数量	更改单号	签名	日期	批准			第 2 页　共 37 页

（e）

作业指导书				产品名称	一体化彩票投注机	文件编号	SH-ED-E-237
				型号	GDS688-VI-GD	版本号	A

转入件及辅助材料			工作地	工序号	工种	工序(步)内容及要求 预加工 2 （锁片、电线固定夹安装）	设备及工装	定额工时(秒)
序号	代号、名称、规格	数量						
1	锁片右	1	组装线	2	组装	1. 把锁片右套到摆手定位孔上，用 2 颗 ST2.9 × 6.5-F 十字大扁头自攻螺钉将锁片固定在转动支架上，如图 1； 2. 左锁片与右锁片安装方法一样，注意方向，如图 1； 3. 检查锁片是否紧固，摆手是否活动正常，要求有足够的回弹力； 4. 如图 2 所示，在转动支架上使用 2 颗 M3 × 6（三组合）螺钉安装两根电线固定夹。	电动螺丝批	
2	锁片左	1						
3	ST2.9 × 6.5-F 十字大扁头自攻螺钉	4						
4	电线固定夹	1						
5	M3 × 6 (三组合) 十字槽盘头螺钉	2						

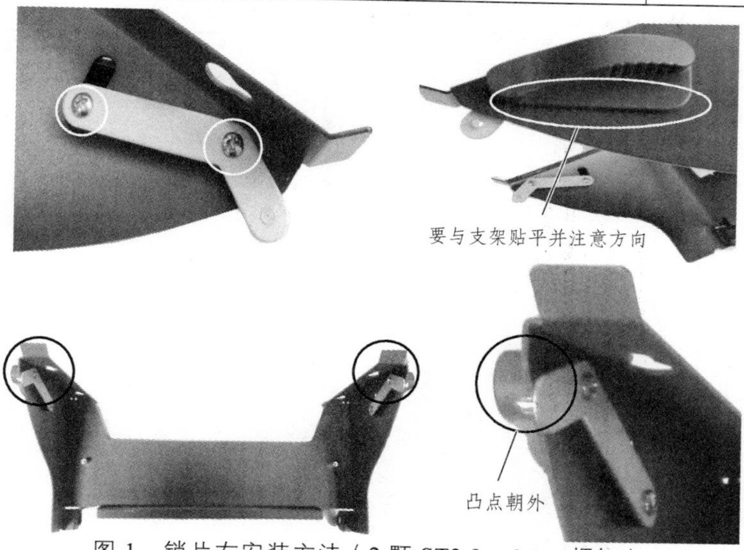

要与支架贴平并注意方向

凸点朝外

图 1　锁片右安装方法（2 颗 ST2.9 × 6.5-F 螺钉）

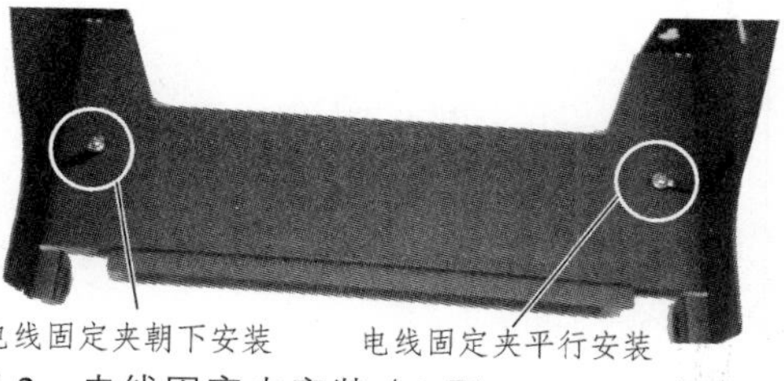

电线固定夹朝下安装　　电线固定夹平行安装

图 2　电线固定夹安装（2 颗 M3 × 6 三组合）

旧底图总号	
底图总号	
日期	签名

					拟制			GDS688-VI-GD 整机装配作业指导书
					审核			
					标准化			
更改标记	数量	更改单号	签名	日期	批准			第 3 页 共 37 页

（f）

图 4-2-1　作业指导书

（2）总结作业指导书中的每页内容，将作业指导书的内容框架写在下面空白处。

（3）创建作业指导书表格模板，参考步骤如下。

① 使用 Word 办公软件创建如下表格（见图 4-2-2）。

旧底图总号		
底图总号		
日期	签名	

图 4-2-2　创建表格

② 选中绘制好的表格，点击“插入”→“快速表格”→“将所选内容保存到快速表格库”，如图 4-2-3 所示。

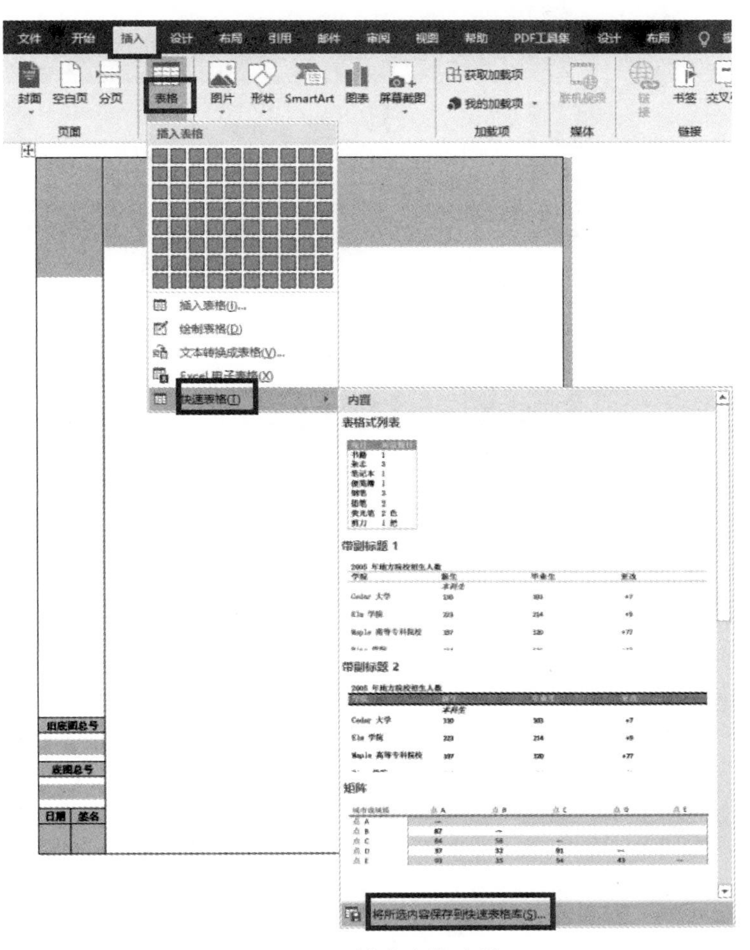

图 4-2-3　创建表格方法

③ 命名表格模板的名称“作业指导书表格模板”，如图 4-2-4 所示。

图 4-2-4　命名表格模板的名称

④ 插入模板表格。点击“插入”→“表格”→“快速表格”→“作业指导书表格模板”，如图 4-2-5 所示。

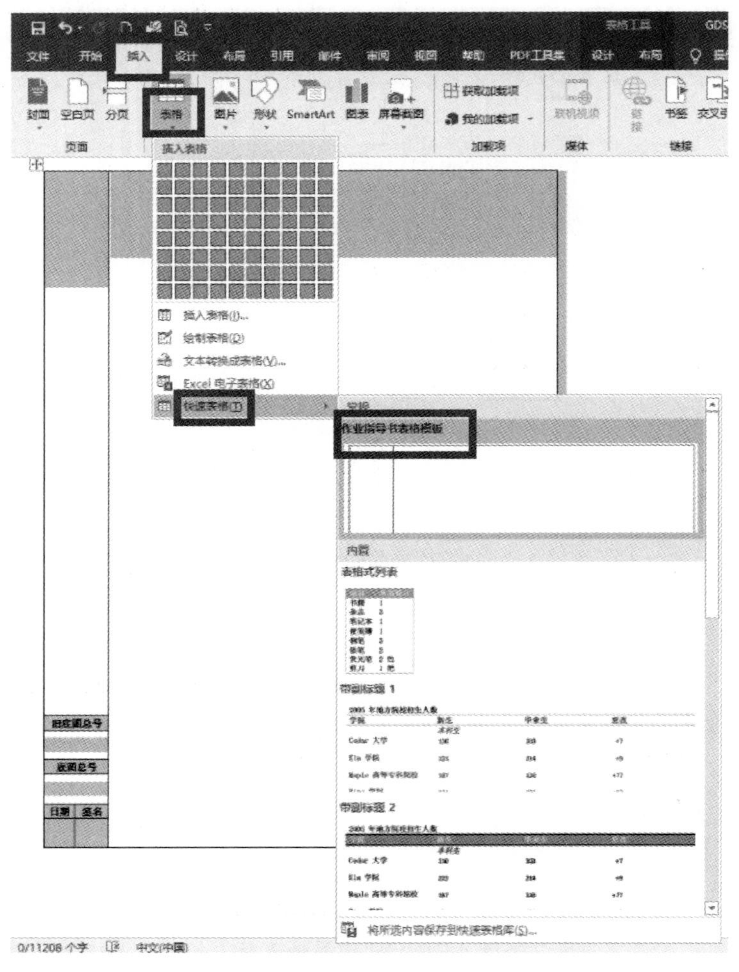

图 4-2-5　插入模板表格

（4）分解编制作业指导书的工作内容及步骤。工作环节内容可分为拆解样机、组装样机、记录装配顺序、制作装配流程示意图、填写工序内容等。明确小组内人员分工及职责，估算阶段性工作时间及具体日期安排，制订工作计划，工作计划内容包括工作环节内容、人员分工、工作要求、时间安排等要素。请将各组的工作计划写在大白纸上并在白板上进行展示。

（5）请根据以下活动评价表（见表 4-2-1）对本次活动进行评价。

表 4-2-1　活动评价表

任务环节	评分标准		所占分数	自我评价（20%）	组长评价（30%）	教师评价（50%）	得分
学习活动二：创建作业指导书文件	职业素养	1.为完成本次活动是否做好课前准备（充分 5 分，一般 3 分，没有 0 分）。 2.本次活动完成情况（好 10 分，一般 6 分，不好 0 分）。 3.工作页是否填写认真工整（是 5 分，不工整 2 分，未填写 0 分）	20				
	知识技能点	1.总结的作业指导书中的内容是否全面（全面 20 分，一般 10 分，未总结 0 分）。 2.能够创建出作业指导书模板文件（能 30 分，一般 15 分，不能 0 分）。 3.小组合作能够编制出详细的工作计划（详细 20 分，一般 10 分，不能 0 分）。 4.展示汇报工作计划思路清晰，语言流畅（好 10 分，一般 5 分，不好 0 分）	80				
总　　分							

学习活动三　编制作业指导书

【学习目标】

（1）能够熟练使用 Word 软件制作作业指导书的封面并插入新页面。
（2）能够熟练绘制作业流程图。
（3）能够记录产品拆解步骤以及各零件之间的装配关系。
（4）能够对产品组装各工位排序。
（5）能够正确组装产品。
（6）能够编写工序（步）内容要求及注意事项。

【建议学时】

6 学时。

【学习活动】

（1）拆解样机，了解样机各零件的装配关系。合理选择拆解工具，根据样机的结构特征分模块拆解，并了解各零件之间的装配关系，在表 4-3-1 中记录拆解顺序。拆解过程中遵守 8S 管理要求。拆卸顺序：从外部拆到内部，从上部拆到下部；先拆成部件或组件，再拆成零件。

表 4-3-1　拆解顺序

拆解步骤	零件名称	零件数量	零件材料	拆解工具	备注
1					
2					
3					
4					
5					
6					
7					
8					
9					
10					

拆解过程中的注意事项：

① 制订拆解方案，准备拆解工具和设备。

② 严禁乱敲打、硬撬拉，避免损坏零件。

③ 不易拆卸或拆卸后会降低连接质量的零件，可不拆卸。

④ 对于容易产生位移而又无定位装置或有方向性要求的相配件，应先做好标记。

⑤ 拆卸高速旋转的零、部件时，应不破坏原平衡状态。拆卸螺纹紧固件时，要辨清旋转方向。

⑥ 用击卸法时，必须垫好软衬垫，或使用软材料（如紫铜）做的锤子、冲棒。

⑦ 注意保护主要结构件。

⑧ 拆下的零件应尽快清洗，并涂油防锈。零件较多时，要按部件分门别类做好标记后放置。

⑨ 对于长径比较大的零件，应垂直悬挂。对于重型零件，可用多支点支承卧放。

⑩ 拆下的细小、易丢失的零件，应尽可能再装到主要零件上。轴上零件拆下后，按原次序方向临时装回轴上或用钢丝串起来。

⑪ 标准件应及时测量主要尺寸，确定其标记，注明标准号及相关参数。

⑫ 认真研究每个零件的作用、结构特点及零件间的装配连接关系，正确判断配合性质、尺寸精度和加工要求。

（2）组装样机，记录组装顺序。对产品组装各工位进行排序并组装，对每一个组装步骤进行拍照记录，记录好各工位的装配工时以及各工序的装配内容，并在计算机指定位置建立文件夹进行保存。

（3）制作作业指导书封面。参考图 4-3-1 所示的作业指导书封面制作出本产品的作业指导书封面，封面信息包括产品名称、版本号、文件编号、审核人等必要信息。

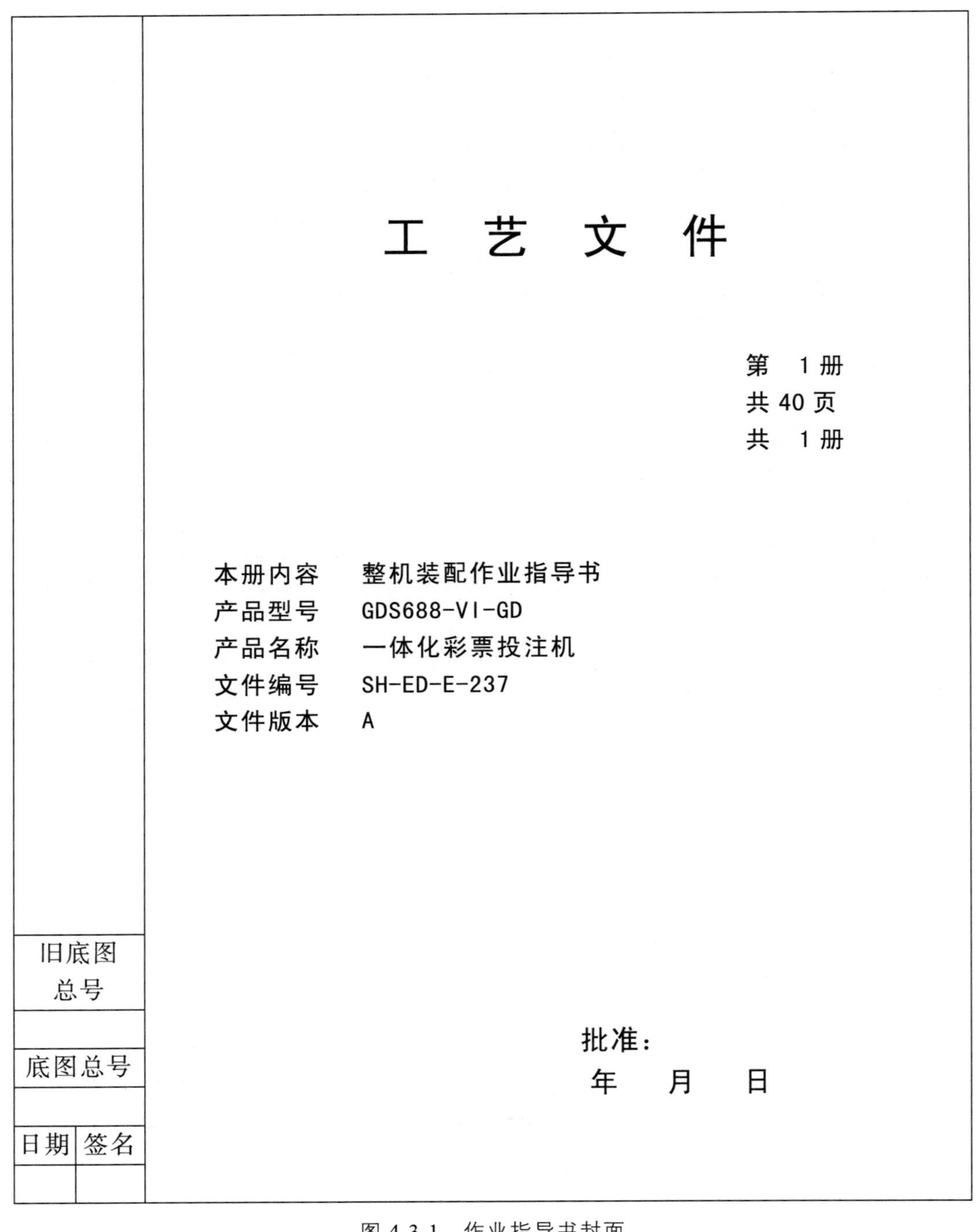

工 艺 文 件

第 1 册
共 40 页
共 1 册

本册内容 整机装配作业指导书
产品型号 GDS688-VI-GD
产品名称 一体化彩票投注机
文件编号 SH-ED-E-237
文件版本 A

旧底图总号	
底图总号	
日期	签名

批准：
年 月 日

图 4-3-1 作业指导书封面

（4）制作装配流程示意图。参考图 4-3-2 所示的产品工艺流程图，根据产品整机结构装配设计要求、整机爆炸装配图、组装顺序记录表等，使用办公软件将模块各组件装配关系整理成合理的装配流程示意图并进行保存。

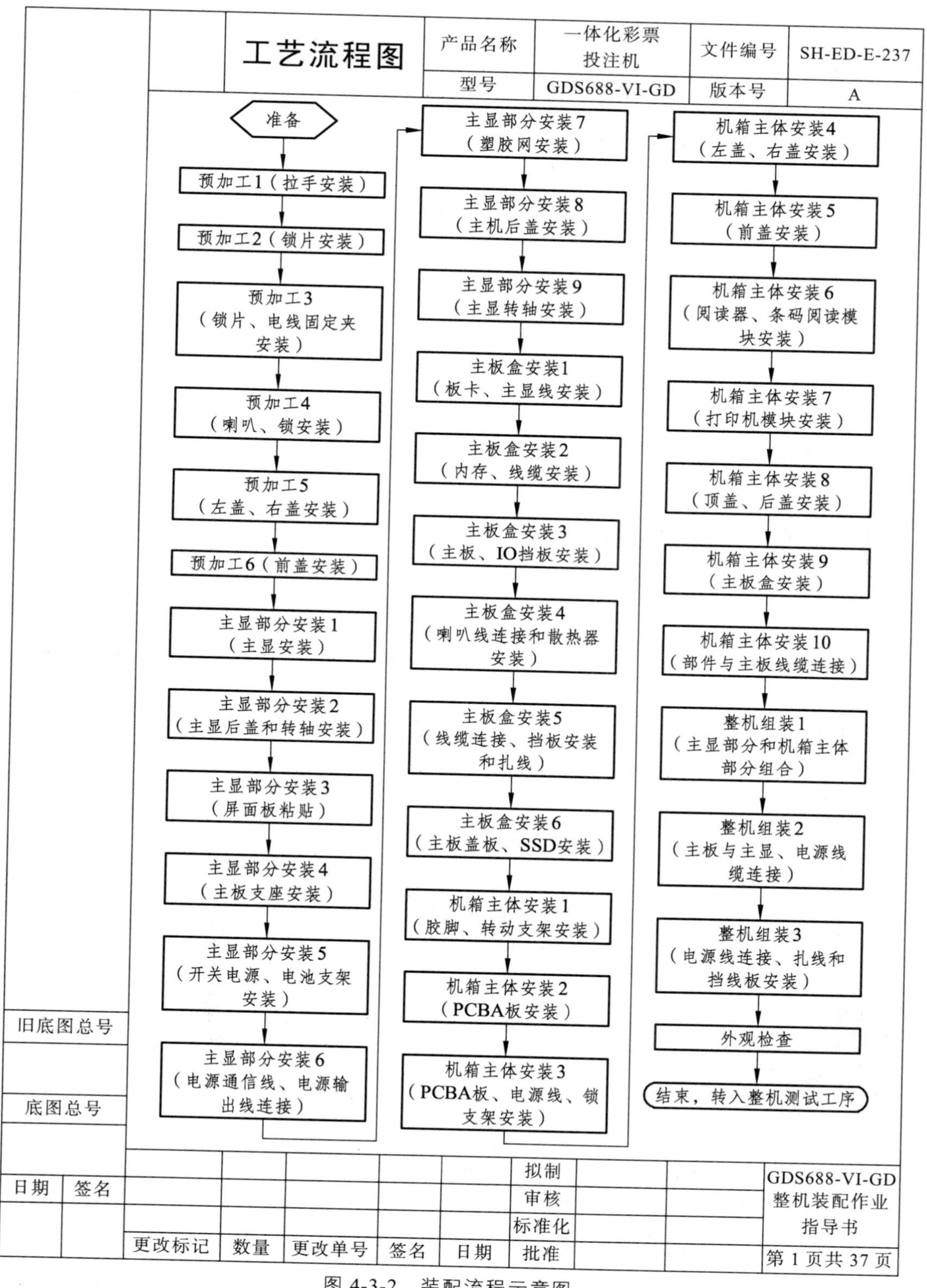

图 4-3-2　装配流程示意图

（5）填写各工序内容。

① 根据装配流程图填写各工序内容，依次填写各装配工序所需的物料名称、数量、工序（步）内容及要求、工序注意事项、设备/工具（电动螺丝刀、扭力扳手）、装配工时等，插入装配过程中记录的图片，并编写说明文字。

② 编写外观检查情况，填写检测内容及技术要求、检测方法、检验器具（名称、规格及精度），以及全检/抽检情况。

③ 编写包装要求，填写包装内容及要求。

（6）请根据以下活动评价表（见表 4-3-2）对本次活动进行评价。

表 4-3-2　活动评价表

<table>
<tr><th>任务环节</th><th colspan="2">评　分　标　准</th><th>所占分数</th><th>自我评价（20%）</th><th>组长评价（30%）</th><th>教师评价（50%）</th><th>得分</th></tr>
<tr><td rowspan="3">学习活动三：编制作业指导书</td><td>职业素养</td><td>1.为完成本次活动是否做好课前准备（充分 5 分，一般 3 分，没有 0 分）。
2.本次活动完成情况（好 10 分，一般 6 分，不好 0 分）。
3.工作页是否填写认真工整（是 5 分，不工整 2 分，未填写 0 分）</td><td>20</td><td></td><td></td><td></td><td></td></tr>
<tr><td rowspan="2">知识技能点</td><td rowspan="2">1.能够制作出作业指导书的封面（能 10 分，不全面 5 分，不能 0 分）。
2.能够绘制作业流程图（能 20 分，不全面 10 分，不能 0 分）。
3.是否详细记录产品的拆解步骤（详细 20 分，一般 10 分，没有 0 分）。
4.能正确组装产品（正确 10 分，一般 5 分，不能 0 分）。
5.各工序内容及注意事项填写完整（正确 20 分，一般 10 分，不能 0 分）。
6.现场 8S 管理（好 10 分，一般 5 分，不好 0 分）</td><td rowspan="2">80</td><td></td><td></td><td></td><td rowspan="2"></td></tr>
<tr><td></td><td></td><td></td></tr>
<tr><td colspan="7">总　　　分</td><td></td></tr>
</table>

学习活动四　成果审核验收

【学习目标】

（1）能正确指出各作业指导书中存在的问题并进行标注。
（2）能根据教师意见对作业指导书进行修改。

【建议学时】

1 学时。

【学习活动】

（1）各组将编制好的作业指导书与其他组的作业指导书进行审核，如有不符项、不同项，各组应该对其评审的组进行记录以及批改，其间保留所有审核记录。

（2）根据教师意见对作业指导书进行修改。

学习活动五　总结评价

【学习目标】

（1）能够总结在编制作业指导书中遇到的问题以及解决方法。
（2）能够对本次任务中的表现进行客观评价。

【建议学时】

1学时。

【学习活动】

一、工作总结

（1）以小组为单位，撰写工作总结，并选用适当的表现方式向全班展示、汇报学习成果。

（2）评价：工作总结评分表（见表4-5-1）。

表4-5-1　工作总结评价表

评价指标	评价标准	分值（分）	评价方式及得分		
			个人评价（10%）	小组评价（20%）	老师评价（70%）
参与度	小组成员能积极参与总结活动	5			
团队合作	小组成员分工明确、合理，遇到问题不推诿责任，协作性好	15			
规范性	总结格式符合规范	10			
总结内容	内容真实，针对存在的问题有反思和改进措施	15			
总结质量	对完成学习任务的情况有一定的分析和概括能力	15			
	结构严谨、层次分明、条理清晰、语言顺畅、表达准确	15			
	总结表达形式多样	5			
汇报表现	能简明扼要地阐述总结的主要内容，能准确流利地表达	20			
学生姓名		小计			
评价教师		总分			

二、学习任务综合评价

学习任务综合评价如表 4-5-2 所示。

表 4-5-2　综合评价表

<table>
<tr><td colspan="2">评价内容</td><td colspan="2">得分</td></tr>
<tr><td colspan="2">学习活动一：明确任务，获取作业指导书相关信息</td><td colspan="2"></td></tr>
<tr><td colspan="2">学习活动二：创建作业指导书文件</td><td colspan="2"></td></tr>
<tr><td colspan="2">学习活动三：编制作业指导书</td><td colspan="2"></td></tr>
<tr><td colspan="2">学习活动四：成果审核验收</td><td colspan="2"></td></tr>
<tr><td colspan="2">学习活动五：总结评价</td><td colspan="2"></td></tr>
<tr><td colspan="2">小计</td><td colspan="2"></td></tr>
<tr><td>学生姓名</td><td></td><td>综合评价得分</td><td></td></tr>
<tr><td>评价教师</td><td></td><td>评价日期</td><td></td></tr>
</table>

参考文献

[1] 黎恢来. 产品结构设计实例教程[M]. 北京：电子工业出版社，2013.
[2] 贺松林，姜勇，张泉. 产品设计材料与工艺[M]. 北京：电子工业出版社，2014.
[3] 陈锦昌，刘林. 机械制图[M]. 北京：高等教育出版社，2014.